高等职业教育电子信息课程群系列教材

电子技术实训指导书
（第二版）

主　编　胡敏　肖杨　李艳
副主编　宿曦　李默　赵亮

中国水利水电出版社
www.waterpub.com.cn
·北京·

内 容 提 要

高等职业技术教育是现代教育的重要组成部分，社会经济和科学技术的发展从客观上提出了发展高等职业技术教育的要求。为了培养生产、建设、管理和服务一线的高级技术应用型人才，我们根据教学大纲编写了本书。

本书包括模拟电子技术和数字电子技术两部分。其中模拟电子技术部分共计 12 个实训，包括电子元器件的识别及电路的连接与测试，内容由浅入深，可增强学生的动手能力，并可加强学生对理论知识的理解。数字电子技术部分共计 11 个实训，包括基础性测试和验证实训，还增加了综合设计性实训题目。实训内容安排循序渐进，基本覆盖了典型的数字电路实训。

本书可作为高职高专院校电气、电子、通信、自动化、计算机等专业电子技术实训教材。

本书配有电子课件，读者可以从中国水利水电出版社网站（www.waterpub.com.cn）或万水书苑网站（www.wsbookshow.com）免费下载。

图书在版编目（CIP）数据

电子技术实训指导书 / 胡敏，肖杨，李艳主编. -- 2版. -- 北京 : 中国水利水电出版社，2020.12
高等职业教育电子信息课程群系列教材
ISBN 978-7-5170-9245-2

Ⅰ. ①电… Ⅱ. ①胡… ②肖… ③李… Ⅲ. ①电子技术－高等职业教育－教材 Ⅳ. ①TN

中国版本图书馆CIP数据核字(2020)第251160号

策划编辑：崔新勃　　责任编辑：高双春　　封面设计：李　佳

书　名	高等职业教育电子信息课程群系列教材 电子技术实训指导书（第二版） DIANZI JISHU SHIXUN ZHIDAOSHU
作　者	主　编　胡敏　肖杨　李艳 副主编　宿曦　李默　赵亮
出版发行	中国水利水电出版社 （北京市海淀区玉渊潭南路 1 号 D 座　100038） 网址：www.waterpub.com.cn E-mail：mchannel@263.net（万水） sales@waterpub.com.cn 电话：（010）68367658（营销中心）、82562819（万水）
经　售	全国各地新华书店和相关出版物销售网点
排　版	北京万水电子信息有限公司
印　刷	三河市铭浩彩色印装有限公司
规　格	184mm×260mm　16 开本　13.75 印张　337 千字
版　次	2015 年 10 月第 1 版　2015 年 10 月第 1 次印刷 2020 年 12 月第 2 版　2020 年 12 月第 1 次印刷
印　数	0001—3000 册
定　价	39.00 元

第二版前言

电子技术是一门实践性很强的专业基础课程，而电子技术实训在其中占有重要位置，它是培养学生创新精神和实践能力的重要教学环节。在多年实践教学与实训改革的基础上，我们编写了本书。本书在基础性实训的基础上增加了综合性实训和设计性实训。

基础性实训的主要任务是验证理论知识，掌握常用电子仪器和仪表的正确使用方法及基本实训技能。

综合性实训和设计性实训模拟了从设计、分析到安装调试的全过程，主要是对学生进行全面的实训技能和动手能力的训练，使学生在实际动手的过程中，通过实训现象及数据的变化，加深对基础理论知识的理解和掌握。同时学生也可根据书中的内容，在教师的指导下自拟实训项目，独立拟定实训方案，分析实训原理，确定实训步骤，对设备进行安装调试和故障排除，撰写实训报告。本书通过该类实训，使学生进一步增长知识、增加兴趣、增强技能、广开思路，拥有分析和解决实际问题的能力。

为了更好地适应教学的发展，编者结合近几年的教学改革实践，在《电子技术实训指导书》第一版的基础上，对书中内容进行了修改，以便更好地服务于教学。本书在每个实训中都嵌入链接了操作视频的二维码，通过手机“扫一扫”功能，学生可以直接用手机打开操作视频，加深对实训的认识和了解，起到课前可预习、课后能复习的功能。

本书由吉林交通职业技术学院胡敏、肖杨、李艳任主编，宿羲、李默、赵亮任副主编，管秀君任主审。在本书的编写过程中，参考了有关电子技术方面的资料和教材，在此谨向帮助与支持编写、出版本书的有关单位和同志致以诚挚的谢意。

限于编者水平，加之时间仓促，本书错误或不妥之处在所难免，诚请读者批评指正。

编　者

2020 年 9 月

第一版前言

电子技术是一门实践性很强的专业基础课程，而电子技术实验在其中则占有重要地位，它是培养学生创新精神和实践能力的重要教学环节。在多年实践教学与实验改革的基础上，我们编写了这本电子技术实训教材。该教材在基础性实验的基础上增加了综合性、设计性实验。

基础性实验的主要任务是验证理论知识，掌握常用电子仪器和仪表的正确使用方法和基本实验技能。

综合性、设计性实验是从设计、分析到安装调试的全过程实验，主要是对学生进行全面的实验技能和动手能力的训练，使学生在实际动手的过程中，通过实验现象及数据的变化，加深对基础理论知识的理解和掌握。同时学生也可根据书中的内容，在教师的指导下自拟实验项目，独立拟定实验方案、分析实验原理、确定实验步骤、进行安装调试、故障排除、撰写实验报告。通过该类实验，使学生进一步增长知识、增加兴趣、增强技能、广开思路，得到分析和解决实际问题的能力。

全书由吉林交通职业技术学院胡敏、肖杨、李艳任主编，管秀君教授任主审。在编写过程中，参考了电子技术方面的有关资料和教材，在此谨向帮助与支持编写、出版本教材的有关单位和同志以及资料和教材的作者至以诚挚的谢意。

限于编者水平，加之时间仓促，本书难免存在错误或不妥之处，诚请读者批评指正。

编　者

2014 年 12 月

目　　录

第一部分　模拟电子技术

实训一　电阻电容的识别与测量

一、实训目的

（1）能够正确识别色环电阻的阻值。
（2）能够正确测量电容的各项参数。

二、实训设备与器件

（1）万用表。
（2）不同阻值电阻与电容。

三、实训原理

1. 电阻元件

在电路中，起阻碍作用的元件称为电阻器，简称电阻。元件的电阻常用字母“R”表示，基本单位是“欧姆”，记作 Ω。常用的单位有千欧姆（kΩ）、兆欧姆（MΩ），其中 1kΩ=1000Ω，$1M\Omega=10^6\Omega$。

（1）电阻器的分类。常用的电阻器有实心碳质电阻、薄膜电阻、线绕电阻等，其中又有固定电阻和可变电阻之分。

1）实心碳质电阻。实心碳质电阻是将碳墨粉、填料（滑石粉或云母粉）、黏合剂（如树脂）按照一定比例配料后，加入引线，经压制、烧固、涂漆而制成。其成本低、工艺简单，但精度和稳定度较差，噪声较大。这类电阻的额定功耗一般有 0.25W、0.5W、1W 和 2W 等规格。

2）薄膜电阻。

a．碳膜电阻（RT）。它是通过一定工艺在圆筒形瓷棒（瓷管）表面沉积一层碳膜，为了获得确定的阻值，沿瓷管外围刻螺槽，最后涂绿色保护漆制成。其阻值范围 0.75～10MΩ，额定功率有 0.1W、0.125W、0.25W、0.5W、1W、2.5W、10W 等，少数可做到 25W、50W。它的阻值和误差标记直接用数字标出。这类电阻性能稳定，除作一般应用外，也适合在高级精密电子设备中使用。

b．金属膜电阻（RJ）。它是通过真空蒸发工艺，将金属沉积在陶瓷（或玻璃、塑料）管上制成的，改变薄膜厚度和成分，就能控制电气性能。其外表涂红色保护漆，阻值范围 1MΩ～600MΩ，阻值标记与碳膜电阻相同。这类电阻具有耐热、防潮、耐磨等优点，其温度稳定性也优于碳膜电阻，噪声小，受电压、频率的影响小，但价格略高。

c．精密级金属膜电阻（RJJ）。这类电阻的精度高，误差仅为±1%。其额定功率比同样大小的金属膜电阻器大一级。精密级金属膜电阻主要用于精密测量仪器，如用作示波器垂直衰减器和校准信号的分压器等。

3）线绕电阻。线绕电阻（RX）是用镍铬丝（或锰铜丝、康铜丝）间绕在瓷管上，外面涂以陶土（绝缘漆或釉质）保护层制成，其上用文字标明电阻值和额定功率。这类电阻器阻值稳定、误差小（5%以下）、耐高温、额定功率大（最高可达 1000W），但是阻值较小（0.1～56kΩ）。

2. 电阻器的标称值、容许误差及其标注方法

电阻器的标称值是指在电阻体表面标注的电阻值。电阻的标称值范围很广，从零点几欧到几十兆欧。电阻的标称值系列为表 1-1-1 所列数值乘以 10^n（n 为正整数、0 或负整数）。

表 1-1-1 电阻的标称值系列

偏差/%	电阻的标称值/Ω
±5	1. 1、1. 2、1. 3、1.5、1.6、1.8、2.0、2.2、2.4、2.7、3.0、3.3、3.6、3.9、4.3、5.1、5.6、6.2、6.8、7.5、8.2、9.1
±10	1.0、1.2、1.5、1.8、2.2、2.7、3.3、3.9、4.7、5.6、6.8、8.2
±20	1.0、1.5、2.2、3.3、4.7、6.8

电阻器的标称值和实测值之间允许的最大偏差范围叫作电阻器的容许误差。通常，电阻器的容许误差分为 9 级（表 1-1-2），一般都标注在电阻的外表面上。

表 1-1-2 固定电阻的容许误差

级　别	A	B	C	D	F	G	J	K	M
容许误差/%	±0.05	±0.1	±0.25	±0.5	±1	±2	±5	±10	±20

标称值、容许误差的标注方法有以下 3 种。

1）直标法：用阿拉伯数字和单位符号在电阻体表面直接标出阻值，用百分数直接标出允许误差的方法。

2）文字符号法：用阿拉伯数字和文字符号有规律地组合，表示标称值和容许误差的方法。其标注方法是：阻值单位用文字符号，即 R 表示欧姆，K 表示千欧，M 表示兆欧；阻值的整数部分写在阻值单位符号的前面，阻值的小数部分写在阻值单位符号的后面。容许误差一般用Ⅰ、Ⅱ、Ⅲ表示。例如，0.51Ω、5.1Ω、51Ω、5.1kΩ、51kΩ 等阻值用文字符号法分别表示为 R5、5R1、51R、5K1、51K。

3）色环法：用不同的颜色环标注在电阻的外表面上，表示电阻器的标称值和容许误差的方法。常见的色环法有四环和五环两种，四环一般用于普通电阻的标注，五环一般用于精密电阻的标注。其颜色环的构成及意义如图 1-1-1 所示。

3. 电容元件

电容器的符号用 C 表示，代表的是电容的容量，单位有法拉（F）、微法拉（μF）和皮法拉（pF）等，它们的关系为 $1F=10^6\mu F=10^{12}pF$。

数值的读取方法

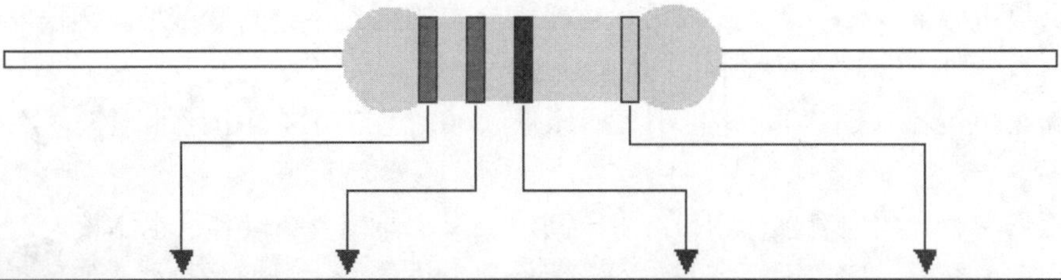

颜色	每一段	第二段	第三段	乘数	误差	
黑色	0	0	0	1		
棕色	1	1	1	10	± 1%	F
红色	2	2	2	100	± 2%	G
橙色	3	3	3	1K		
黄色	4	4	4	10K		
绿色	5	5	5	100K	± 0.5%	D
蓝色	6	6	6	1M	± 0.25%	C
紫色	7	7	7	10M	± 0.10%	B
灰色	8	8	8		± 0.05%	A
白色	9	9	9			
金色				0.1	± 5%	J
银色				0.01	± 10%	K
无					± 20%	M

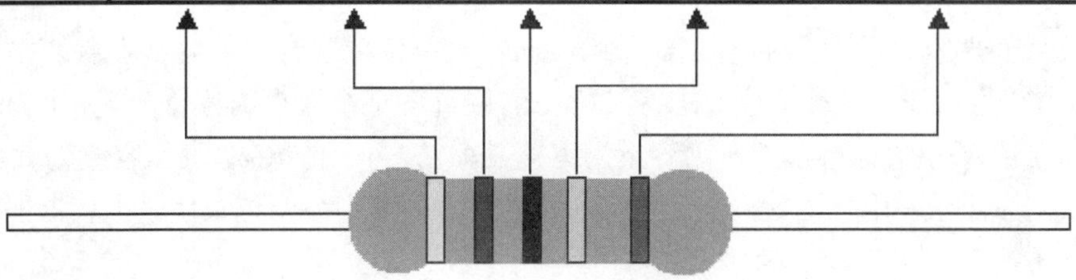

图 1-1-1　电阻色环构成及意义

（1）按电容器的结构分类。

1）固定电容器。

2）半可变电容器。电容量可在较小范围内变动，如 2～7pF、1.5～45pF，适用于整机调整后电容量不需要经常改变的场合。

3）可变电容器。常有“单连”“双连”之分，它们由若干片形状相同的金属片并接成一组定片和另一组动片。动片可以通过转轴转动，以改变动片插入定片的面积，从而改变电容量。一般以空气作为介质，也有用有机薄膜作为介质的。

（2）按电容器的介质材料分类。

1）电解电容器（CD）：以电解液作为介质的电容器。这种电容器容量大、耐压高、体积大，常用于交流旁路和滤波。

2）钽电容器（CA）：容量大（0.1～470μF）、体积小、漏电也较小，但耐压不高（小于100V）。

3）瓷片电容器（CCX）：体积小、损耗小、温度系数小，但耐压较低（一般为60～70V）。

4）云母电容器（CY）：一种以云母片作为介质的电容器。其特点是高频性能稳定、损耗小、漏电小、耐压高（几百伏到几千伏），但容量小（几十皮法到几万皮法）。

5）涤纶电容器（CLX）：体积小、耐压低（60V 左右），但电感比较大，不宜在高频时使用。

6）矩形混合介质电容器（CH）：耐压高于2kV，体积较小，容量也比较大。

7）微调电容器：空气微调器是以空气为介质，性能好，温度系数小，但体积大，容量不大；瓷微调器可调范围不大，损耗大，易碎，体积小。

（3）主要参数。

1）电容器的标称容量、容许误差及标注方法见表1-1-3。

表1-1-3 固定电容器允许误差

级 别	D	F	G	J	K	M
容许误差/%	±0.5	±1	±2	±5	±10	±20

电容器的标称容量和允许误差标注在电容器上，其标注方法如下所述。

a．直标法：将标称容量及容许误差直接标注在电容器上。用直标法标注的容量，有时不标注单位，其识别方法：无极电容，容量大于1的容量单位为pF，容量小于1的容量单位为μF；有极电容，其容量单位为μF。例如，4700表示容量为4700pF，0.01表示容量为0.01μF，电解电容上的10表示容量为10μF。

b．文字符号法：将容量的整数部分标注在容量单位标志符号前面，容量的小数部分标注在单位标志符号后面，容量单位标志符号所占的位置就是小数点的位置。例如，3n3表示容量为3.3nF。若在数字前面标注C，则容量为零点几微法。例如，C47表示容量为0.47μF。

c．数码表示法：用三位数字表示电容容量的大小。其中前两位数字是电容器的标称容量的有效数字，第三位数字表示有效值数字后面零的个数，单位为pF。例如102表示容量为10×10^{2}pF。若第三位数字为9时，有效数字应乘上10^{-1}。例如，229表示容量为22×10^{-1}pF（直标法与数码表示法的区别：直标法第三位一般是0，而数码表示法第三位则不是0）。

d．色标法：标注原则与电阻相同，颜色意义也与电阻基本类似，其容量单位为pF。当电容器的引线同向时，色环电容的识别顺序是从上到下。

2）耐压。当电容器两端电压升高至某一数值时，绝缘的介质材料就会被破坏，造成通常所说的击穿。电容器的外壳上通常注有耐压指标，如“400V 800VTV”，其中“－”代表直流工作电压（可以省略），“～”代表交流工作电压，“TV”代表试验电压，400V即电容器能长时间可靠工作于400V直流电压下，800VTV即在一个短时间内（5s～1min），能忍受800V的直流电压。半导体线路中常用6V、9V、12V、24V的低压，可选用耐压6V、10V、15V、30V系列的电容器。

3）绝缘电阻。绝缘电阻是指电容器两端所加的直流电压与漏电流之比，它取决于介质材料、厚度和面积。绝缘电阻越大越好。

4）温度系数。电容器的电容量会随着温度变化而变化，温度每变化1℃，所引起的电容量变化值与原电容量之比，称为温度系数。常见电容器和符号如图 1-1-2 所示。

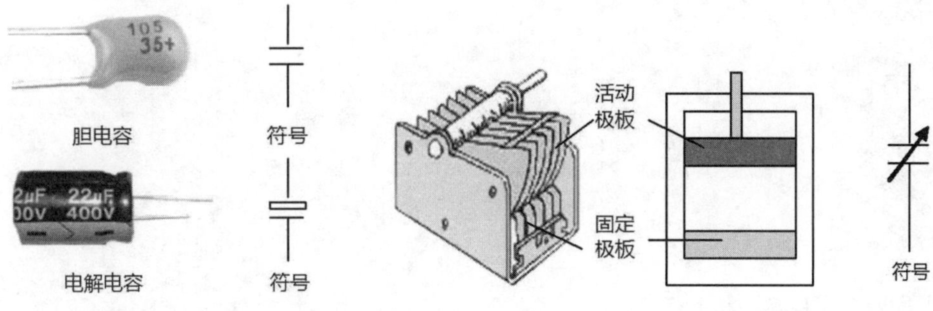

（a）固定电容及符号　　　　（b）可调电容及符号

图 1-1-2　常见电容器和符号

四、实训内容与步骤

色环法识别电阻阻值

1．用色环法识别电阻，并填入表 1-1-4 中。

表 1-1-4　色环法电阻识别表

电阻	第一环	第二环	第三环	第四环	第五环	阻值及误差
1 颜色						
1 数值						
2 颜色						
2 数值						
3 颜色						
3 数值						

2．读出电容的容量、耐压值和误差值等相关信息，并用万用表测试电容的好坏，将结果填入表 1-1-5 中。

表 1-1-5　电容参数表

电容	电容值	耐压值	误差值	品级	好坏	备注
电解电容			—	—		
钽电容					—	—

步骤 1：将万用表的红、黑表笔分别插入“+、－”插孔中；将转动开关调到“Ω”挡。

步骤 2：将红、黑表笔短接调零。

步骤 3：将万用表调到 100Ω 挡（检测大容量电容器时）或 10kΩ 挡（检测小容量电容器时）。

步骤 4：将表笔接在电容器的两个管脚上（红表笔接正极，黑表笔接负极），应当看到万用表指示数值迅速变大（电容器充电，电压升高），当达到最大值“1”时（充电结束），将两只表笔反接，此时，万用表指示数值，应从负值迅速变为最大值“1”（电容器放电，反向充电）。

步骤 5：若万用表指示始终为最大值“1”，说明电容器断路；若万用表指示始终为 0，说明电容器击穿短路。

五、实训总结

1．记录、整理实训结果，按格式填写实训报告。
2．分析实训数据。

六、预习要求

阅读有关电阻电容部分内容。

实 训 报 告

班级　　　　姓名　　　　学号

实训题目：
实训目的：
实训设备：
内容过程：
实训总结：

实训二　常用电子仪器的使用

一、实训目的

（1）学习电子电路实训中常用的电子仪器——示波器、信号发生器、交流毫伏表等的主要技术指标、性能及正确使用方法。

（2）初步掌握用双踪示波器观察正弦信号波形和读取波形参数的方法。

二、实训设备与器件

（1）数字信号发生器。

（2）双踪示波器。

（3）交流毫伏表。

三、实训原理

在模拟电子电路实训中经常使用的电子仪器有示波器、信号发生器、交流毫伏表等。它们和万用表一起，可以完成对模拟电子电路的静态和动态工作情况的测试。实训中要对各种电子仪器进行综合使用，可按照信号流向，以连线简洁、调节顺手、观察与读数方便等原则进行合理布局，各仪器与被测实训装置之间的布局与连接如图 1-2-1 所示。接线时应注意，为防止外界干扰，各仪器的公共接地端应连接在一起，称为共地。信号源和交流毫伏表的接线通常用屏蔽线或专用电缆线，示波器接线使用专用电缆线，直流电源的接线用普通导线。

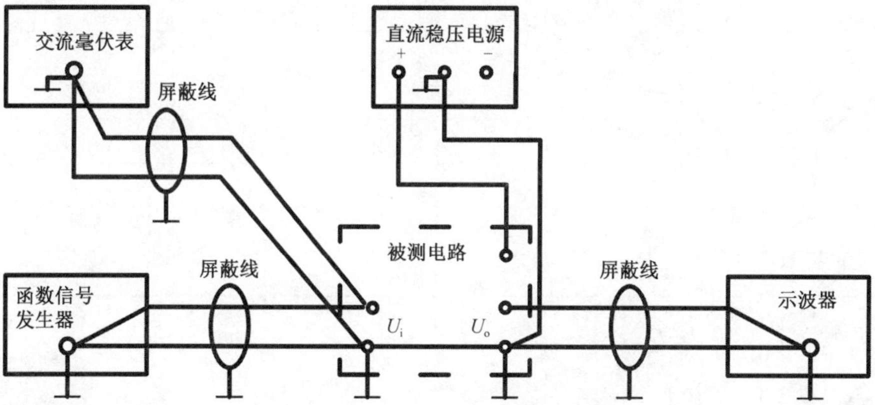

图 1-2-1　仪器仪表连接图

示波器（DS-2000 系列）功能：

（1）有 20MHz 带宽抑制。

（2）可外接 1Mpts 深度存储器。
（3）等效采样率为 50GSa/s。
（4）可进行自动菜单设置。
（5）可进行波形及设置的存储及调用。
（6）具有延迟扫描功能，可同时显示波形全貌和细节。
（7）能自动测量 20 种波形参数。
（8）具有光标测量及自动光标跟踪测量功能。
（9）具有边沿触发、视频触发、脉宽触发、外部触发、电源触发等多种触发功能。
（10）具有 FFT 数字滤波器及频率计等多种功能。

四、实训内容与步骤

1. 交流毫伏表

用于测量正弦交流电。
工作频率范围：1Hz～2MHz。
工作电压范围：1mV～400V。
测量前应先把量程开关置较大量程挡位，然后调零，并逐渐减小量程挡位。
步骤：电压输入处接双绞线。

2. 数字信号发生器

数字信号发生器面板介绍

能输出波形与幅值。
输出电压幅值：9V。
输出电压频率：25MHz。
步骤 1：按表 1-2-1 调节各项。

表 1-2-1 数字信号发生器面板各项说明

项 目	说 明	项 目	说 明
Amp	幅度	POWER	电源
CH1/CH2	信号输出	Ramp	三角波
Enter	确定	Sina	正弦波
Esc	取消	Square	方波
Freq	频率	Sweep	清除
Mod	模式	Sync	同时发生
Output1CH1/CH2	两个通道输出	Trig	触发

步骤 2：调节相应的频率值。
步骤 3：调节相应的幅值。
步骤 4：按 Output1CH1 或 Output1CH2 输出信号。

示波器面板介绍

3. 示波器

能显示交流信号的波形。
步骤：按表 1-2-2 调节各项。

表 1-2-2　示波器面板各项说明

项　目	说　明	项　目	说　明
Auto Set	自动设置	MEASURE	自动测量
CH1/CH2	信号输入	MENU/CH	功能键
CURSOR	光标测量	RUN/STOP	运行/停止
DISPLAY	进入显示系统	SEC/DIV	扫描速度
F1~F5	菜单操作	REF	参考波形
FORCE	触发信号	SAVE/RECALL	储存/调出
HORIZ	水平控制	UTILITY	进入菜单选择
LEVEL	触发线	VOLTS/DIV	垂直控制

（1）调出波形。

步骤：将示波器校准信号输出端通过专用电缆与 Y_A（或 Y_B）输入插口接通，则在荧光屏上可显示出一个或数个周期的方波。

（2）校准“校准信号”幅度。

步骤：将 Y 轴灵敏度微调旋钮置“校准”位置，Y 轴灵敏度开关置适当位置，读取校准信号幅度，记入表 1-2-3 中。

表 1-2-3　校准信号幅度测量

参数	标准值[注]	实测值
幅　　度	1V(P-P)	
频　　率	1kHz	
上升沿时间	≤2μs	
下降沿时间	≤2μs	

注　不同型号示波器的标准值可以有所不同，以上只是给初学者一个格式。请视不同的示波器填入不同的标称值。

（3）校准“校准信号”频率。

步骤：将扫速微调旋钮置“校准”位置，扫速开关置适当位置，读取校准信号周期，并用数字频率计进行校核，记入表 1-2-3 中。

（4）测量校准信号的上升时间和下降时间。

步骤：调节“Y 轴灵敏度”开关位置及微调旋钮，并移动波形，使方波波形在垂直方向上正好占据中心轴，且上、下对称，便于阅读。通过扫速开关逐级提高扫描速度，使波形在 X 轴方向扩展（必要时可以利用“扫速扩展”开关将波形再扩展 10 倍），并同时调节触发电平旋钮，从荧光屏上清楚地读出上升时间和下降时间，记入表 1-2-3 中。

（5）测量信号源输出电压波形及频率。

步骤：令信号源输出的频率分别为 100Hz、1kHz、10kHz、100kHz（数字频率计测量值），有效值均为 1V（交流毫伏表测量）。改变示波器扫速开关及 Y 轴灵敏度开关位置，测量信号源输出电压频率及峰峰值，记入表 1-2-4 中。

表 1-2-4 信号源输出电压频率及峰峰值

信号电压	实 测 值		信号电压	实 测 值	
频率计读数	周期/ms	频率/Hz	毫伏表读数/V	峰峰值/V	有效值/V
100Hz					
1kHz					
10kHz					
100kHz					

（6）用示波器测量两波形间相位关系。

步骤： 观察双踪显示波形“交替”与“断续”两种显示方式的特点。

Y_A、Y_B 均不加输入信号，扫速开关置扫速较低挡位（如 0.5s/div 挡）和扫速较高挡位（如 5μs/div 挡），把“显示方式”开关分别置于“交替”和“断续”位置，观察两条扫描线的显示特点。

（7）用双踪显示测量两波形间相位关系。

步骤 1： 按图 1-2-2 连接实训电路，将信号源的输出电压调至频率为 1kHz，幅值为 2V，经 *RC* 移相网络获得频率相同但相位不同的两路信号 u_i 和 u_R，分别加到示波器的 Y_A 和 Y_B 输入端。

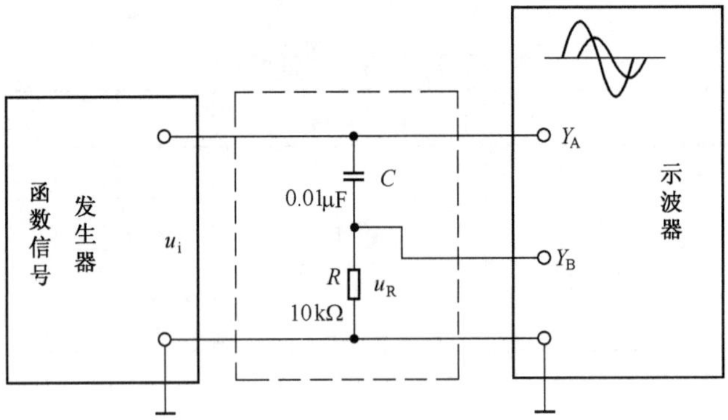

信号调节演示

图 1-2-2 两波形间相位关系

步骤 2： 按图 1-2-3 接线完成实训内容，并将数据记录于表 1-2-5 中，为读数方便，可适当调节扫速开关及微调旋钮，使波形一周期占整数格。

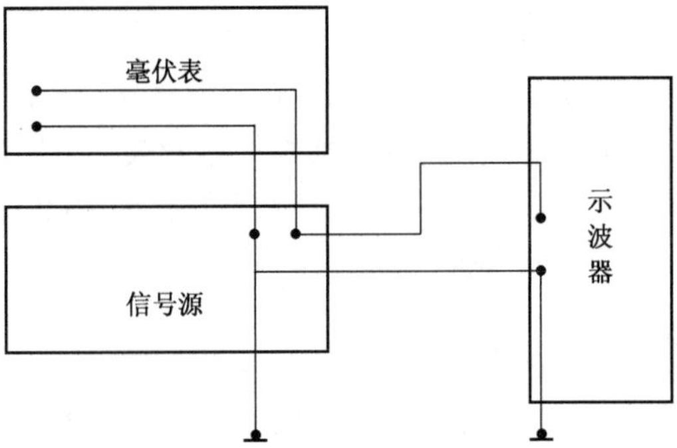

图 1-2-3 仪器连接

表 1-2-5　波形相位

信号	一周期格数	波形图
1000Hz　1V	XT=	
500Hz　2V	XT=	

五、实训总结

1．记录、整理实训结果，按格式填写实训报告。

2．分析实训数据。

六、预习要求

1．阅读有关示波器部分内容。

2．阅读电子学实训装置的功能及使用方法说明。

实 训 报 告

班级　　　　姓名　　　　学号

实训题目：
实训目的：
实训设备：
内容过程：
实训总结：

实训三　半导体二极管的识别与检测

一、实训目的

（1）认识、识别半导体二极管。

（2）学会半导体二极管的检测。

（3）了解半导体二极管的封装。

二、实训设备与器件

（1）万用表。

（2）半导体二极管。

（3）直流稳压电源。

（4）电阻器 620Ω/0.5W、电位器 220Ω/1W。

三、实训原理

二极管是一种常用的电子器件，同时也是一种最简单的半导体器件。二极管具有极性，其最重要的特性就是单向导电性。当二极管的阳极（正极）接电源正极，阴极（负极）接电源负极时，二极管导通，有电流流过二极管，称为正偏导通；当二极管的阴极（负极）接电源正极，阳极（正极）接电源负极时，二极管截止，没有电流流过二极管，称为反偏截止，二极管的应用电路如图 1-3-1 所示。

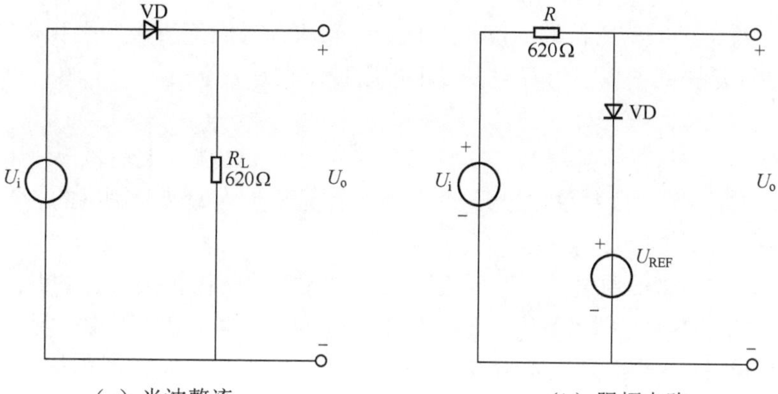

（a）半波整流　　（b）限幅电路

图 1-3-1　二极管应用电路

二极管的主要参数如下：

（1）最大整流电流 I_F。该值是指二极管正常连续工作时，能通过的最大正向电流值，通常称为额定电流。在使用二极管时，电路的最大电流不能超过此值，否则二极管会因发热而烧毁。

（2）最高反向工作电压 U_{RM}。该值是指二极管正常工作时所能承受的最大反向电压值，通常称为额定电压。在使用二极管时，电路的最大电压不能超过此值，否则二极管将会被击穿。

（3）最大反向电流 I_{RM}。该值是指二极管承受最高反向工作电压时的反向电流。这个电流越小二极管的单向导电性越好。当温度升高时，I_{RM} 增大。同一型号的二极管，其反向阻值越大，则其反向电流 I_{RM} 就越小。

图 1-3-2 为几种常见二极管。

（a）开关二极管　（b）整流二极管　（c）发光二极管

图 1-3-2　几种常见二极管

四、实训内容与步骤

1．二极管的识别与检测

（1）从外观上识别。二极管的正、负极一般都在外形上标出，有的直接标注了二极管的图形符号，可以直接判断其正、负极，有的二极管在负极端标有色点。比较常用的普通二极管是在负极端用标注环标出负极。

（2）用指针万用表检测。

步骤 1：判断二极管的电极。用万用表的 $R\times100\Omega$ 挡或 $R\times1k\Omega$ 挡，将红、黑表笔同时搭接二极管的两个引脚，观察万用表指针的偏转情况，然后对调表笔，重新测量，两次测量中，指针偏转大的一次，黑表笔所接的引脚是二极管的正极，红表笔所接的引脚是二极管的负极。（此时二极管 PN 结正向偏置。当万用表置于电阻挡时，黑表笔接表内电源的正极，红表笔接表内电源的负极。）

步骤 2：判断二极管的制造材料。小功率管使用 $R\times1k\Omega$ 挡，大功率管使用 $R\times10k\Omega$ 挡，将黑表笔接二极管正极，红表笔接二极管负极，指针显示数为偏转满刻度的 3/4 时是锗管，指针显示数为偏转满刻度的 1/2 时是硅管。

步骤 3：判断二极管的质量。用万用表分别与二极管的两极相接，测出正、反向两个电阻值，若两次阻值相差很大，则为好管；若两次阻值都为 0，则为内部短路；若两次阻值都为无穷大，则为内部开路；若两次阻值差不多，则是性能变差了。后 3 种情况都说明管子已经损坏。

用上述方法，完成表 1-3-1 和表 1-3-2。

表 1-3-1　二极管型号各部分含义

二极管型号	第一部分	第二部分	第三部分	第四部分

表 1-3-2　二极管的检测

二极管型号	正向电阻		反向电阻		性能好坏
	R×200Ω 挡	R×2kΩ 挡	R×200Ω 挡	R×2kΩ 挡	

（3）用数字万用表检测。

步骤 1：判断二极管的电极。将万用表转换开关转到二极管图形符号所指挡位，用两表笔分别与二极管两极相接，读数；交换表笔，重复测量。其中表的示数为“1”的那次，黑表笔所接为二极管正极。

数字万用表检测二极管

步骤 2：判断二极管的制造材料。将红表笔接二极管正极，黑表笔接二极管负极，数字表的显示数为“600”左右的为硅管，显示为“200”左右的为锗管。（若正、反测量都不符合上述要求，则说明二极管已损坏。）

用上述方法，完成表 1-3-1 和表 1-3-2。

2. 二极管伏安特性曲线的测试

二极管的伏安特性曲线是指二极管两端电压与通过二极管电流之间的关系，测试电路如图 1-3-3 所示。用逐点测量法，调节 R_P，改变输入电压 u_i，分别测出二极管两端电压 U_D 和通过二极管的电流 i_D，即可在坐标纸上描绘出它的伏安特性曲线 $i_D=f(U_D)$。

步骤 1：按图 1-3-3 连接电路，经检查无误后，接通 5V 直流电源。

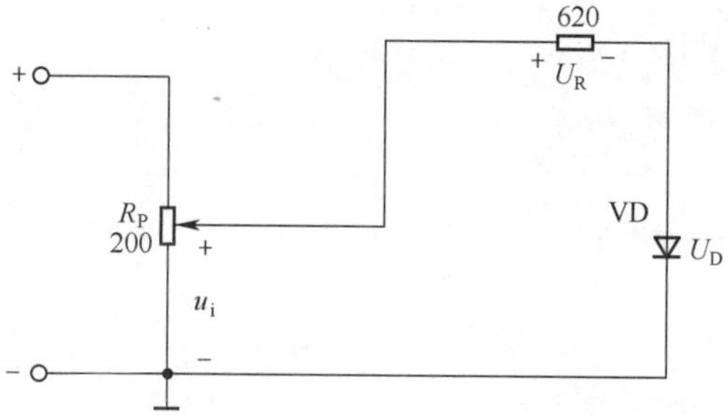

图 1-3-3　二极管的应用电路

步骤 2：调节电位器 R_P，使输入电压 u_i 按表 1-3-3 所示从 0 逐渐增大到 5V。用万用表分别测出电阻 R 两端电压 U_R 和二极管两端电压 U_D，并根据 $i_D=U_R/R$ 算出通过二极管的电流 i_D，记于表 1-3-3 中。用同样的方法进行两次测量，然后取其平均值，即可得到二极管的正向特性。

表 1-3-3　二极管的正向特性

u_i/V		0.0	0.4	0.5	0.6	0.7	0.8	1.0	2.0	3.0	4.0	5.0
第一次测量	U_R/V											
	U_D/V											

续表

u_i/V		0.0	0.4	0.5	0.6	0.7	0.8	1.0	2.0	3.0	4.0	5.0
第二次测量	U_R/V											
	U_D/V											
平均值	U_R/V											
	U_D/V											
	i_D/mA											

步骤 3：将图 1-3-3 所示电路的电源正、负极性互换，使二极管反偏，然后调节 R_P 按表 1-3-4 所示的 U_i 值，分别测出对应的 U_R、U_D 和 I_D，记于表 1-3-4 中。

表 1-3-4 二极管的反向特性

u_i/V	0.00	–1.00	–2.00	–3.00	–4.00
U_R/V					
U_D/V					
i_D/μA					

五、实训总结

1. 记录、整理实训结果，按格式填写实训报告。
2. 分析二极管的测试参数。

六、预习要求

阅读有关二极管的部分内容。

实 训 报 告

班级　　　　　　姓名　　　　　　学号

实训题目：
实训目的：
实训设备：
内容过程：
实训总结：

实训四　三极管的识别与检测

一、实训目的

（1）熟悉半导体晶体管的工作原理。

（2）学会半导体晶体管的测试。

（3）加深对三极管特性和参数的理解。

二、实训设备与器件

（1）万用表。

（2）NPN 型和 PNP 型小功率三极管。

（3）直流稳压电源。

（4）10kΩ/1W 电位器。

（5）电阻：100kΩ、2kΩ。

三、实训原理

半导体晶体管也称双极性晶体管、晶体三极管，简称 BJT。它是通过一定的工艺将两个 PN 结结合在一起而构成的一种具有电流放大作用的半导体器件。三极管分为 NPN 型和 PNP 型两种，是一种电流控制型半导体器件。

1. 晶体管的分类

（1）按所用的半导体材料分有锗管和硅管。硅管多为 NPN 型，具有反向漏电流小，耐压高，温度漂移小，能在较高的温度下工作和承受较大功率损耗的特点。锗管多为 PNP 型，具有增益大，频率特性好的特点。

（2）按结构分，有 PNP 管和 NPN 管。

（3）按用途分，有低频管、中频管、高频管、超高频管、小功率管、中功率管、大功率管和开关管等。

（4）按封装形式分，有玻璃壳封装管、金属壳封装管和塑料封装管等。

常见的晶体三极管如图 1-4-1 所示。

图 1-4-1　几种常见的三极管

2. 主要参数

（1）共射极电流放大倍数 β。$\beta=\dfrac{\Delta I_C}{\Delta I_B}\cdot U_{CE}$=常数，它是用来衡量电流放大能力的。由于三极管的制作工艺和导体材料的不同，即使同一型号的三极管，其 β 差别也较大，一般小功率三极管的 β 值为 20～50。β 值越大，管子稳定性越差；β 值越小，管子电流放大能力越差。

（2）穿透电流 I_{CEO}。I_{CEO} 是基极开路时，集－射之间的电流，其值的大小受温度影响较大，该电流值越小，三极管的质量越好。

（3）集电极最大允许电流 I_{CM}。I_{CM} 是三极管工作电流 I_C 允许的最大限值。若 I_C 超过 I_{CM} 值，则三极管可能会损坏。

（4）集电极－发射极反向击穿电压 U_{CEO}。U_{CEO} 是基极开路，集－射之间的最大允许电压值。三极管的工作电压 U_{CE} 应小于此值，否则会击穿。

（5）集电极最大允许耗散功率 P_{CM}。P_{CM} 表示集电结上允许损耗的最大值。集电极功率损耗超过 P_{CM} 就会使管子性能变坏或烧毁。P_{CM} 的大小与散热条件有关，加散热片可以提高 P_{CM} 的值。

四、实训内容与步骤

1. 用指针万用表判别三极管的管脚和管型

（1）判断基极和管型。

步骤 1： 将万用表转到 $R\times100\Omega$ 挡或 $R\times1\text{k}\Omega$ 挡，这时，若将黑表笔接到某一假定基极管脚上，红笔先后接到另两个管脚上，如果两次测得的电阻都很大（或都很小），而对换表笔后，测得的电阻都很小（或都很大），可确定所作的假设是正确的。如果两次测得的电阻值为一大一小，则可确定所作的假设是错误的。

步骤 2： 重新假定一脚为基极，重复步骤 1 的测试，直到找到基极为止。

步骤 3： 基极确定后，将黑表笔接基极，红表笔分别接其他两极，如果测得的电阻值较小，则此晶体三极管是 NPN 型的；反之为 PNP 型的。将测量结果记入表 1-4-1 中。

表 1-4-1 三极管管型

晶体管编号		1	2	3
管型及电极判断	型号			
	管型			
	外形图			

（2）判断集电极和发射极。

步骤 1： 已知三极管为 NPN 型管。

步骤 2： 将红、黑表笔反接，并与步骤 4 的读数比较。将测量结果记入表 1-4-2 中。

步骤 3： 如果第一次阻值小，则原来的假定是正确的，即黑表笔接的为集电极，红表笔接的为发射极。

步骤 4： 已知三极管为 NPN 型管，将黑表笔接假设的发电极，红笔接假设的集电极，并用手碰到集电极和基极。通过人体，相当于在集电极与基极之间接入偏置电阻。读出集电极与发射极间的电阻值，将测量结果记入表 1-4-2 中。

步骤 5： 将红、黑表笔反接，并与步骤 7 的读数比较。将测量结果记入表 1-4-2 中。

表 1-4-2　三极管的性能

型　号	基极接红表笔		基极接黑表笔		合格否
	B、E 之间	B、C 之间	E、B 之间	C、B 之间	

步骤 6： 如果第一次阻值小，则原来的假定是正确的，即黑表笔接的为发射极，红表笔接的为集电极。

数字万用表判别三级管管脚和管型

2. 用数字万用表判别三极管的管脚和管型

步骤 1： 万用表转到测试二极管端（即蜂鸣端）。

步骤 2： 黑表笔接三极管的一个管脚，用红表笔测其他两个管脚，都导通且有电压显示，那么此三极管为 PNP 管，且黑表笔所接的引脚为基极。用上述方法测试时，其中万用表的红表笔接其中一个脚的电压稍高，那么此脚为发射极，剩下电压偏低的那个管脚为集电极。

步骤 3： 红表笔接三极管的一个管脚，用黑表笔测其他两个管脚，都导通且有电压显示，那么此三极管为 NPN 管，且红表笔所接的引脚为基极。用上述方法测试时，其中万用表的黑表笔接其中一个脚的电压稍高，那么此脚为发射极，剩下电压偏低的那个管脚为集电极。将测量结果记入表 1-4-1 和表 1-4-2 中。

3. 测试三极管电路的电压传输特性

按图 1-4-2 所示电路接线，检查无误后，接通直流电源电压 U_{CC}。调节电位器 R_P，使输入电压 U_i 由 0 逐渐增大，见表 1-4-3，用万用表测出对应的 U_{BE}、U_o 值，并计算出 i_C，记入表 1-4-3 中。

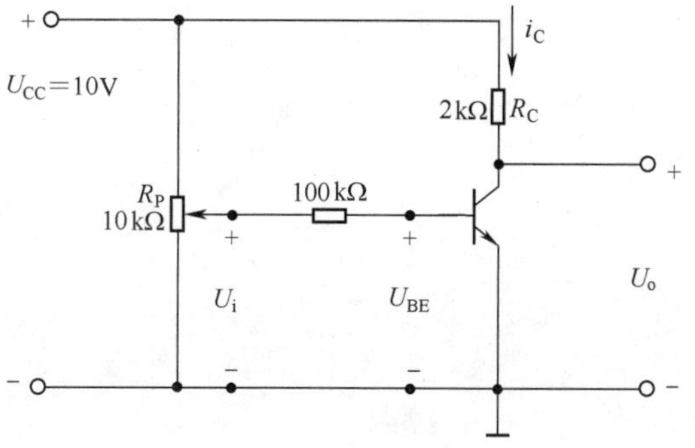

图 1-4-2　三极管特性测试电路

表 1-4-3　三极管电压传输特性

U_i/V	0	1.00	2.00	2.50	3.00	3.50	4.00	5.00	6.00	7.00	8.00
U_{BE}/V											
U_o/V											
i_C/mA											

五、实训总结

1. 记录、整理实训结果，按格式填写实训报告。
2. 求出线性部分的电压放大倍数 $A_u=\Delta U_o/\Delta U_i$ 的值。

六、预习内容

阅读有关三极管的内容。

实 训 报 告

班级　　　　姓名　　　　学号

实训题目：
实训目的：
实训设备：
内容过程：
实训总结：

实训五　晶体管共射极单管放大器

一、实训目的

（1）学会放大器静态工作点的调试方法，分析静态工作点对放大器性能的影响。

（2）掌握放大器电压放大倍数、输入电阻、输出电阻及最大不失真输出电压的测试方法。

二、实训设备与器件

（1）万用表。

（2）信号源。

（3）示波器。

（4）交流毫伏表。

（5）直流电压表。

（6）三极管：9011 或 9013。

三、实训原理

图 1-5-1 为电阻分压工作点稳定单管放大器实训电路图。它的偏置电路采用 R_{b1} 和 R_{b2} 组成的分压电路，并在发射极中接有电阻 R_E，以稳定放大器的静态工作点。当在放大器的输入端加上输入信号 U_i 后，在放大器的输出端便可得到一个与 U_i 相位相反、幅值被放大了的输出信号 U_o，从而实现了电压放大。

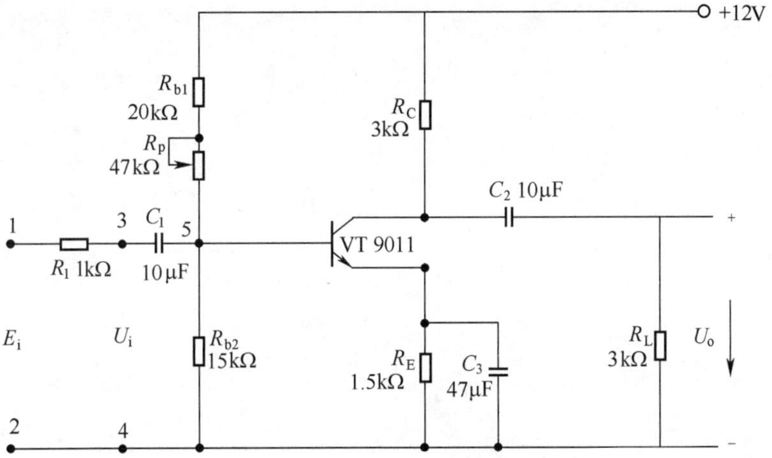

图 1-5-1　共射极单管放大电路

在图 1-5-1 电路中，当流过偏置电阻 R_{b1} 和 R_{b2} 的电流远大于晶体管的基极电流 I_B 时（一般为 5～10 倍），则它的静态工作点可用下式估算：

$$U_B \approx \frac{R_{b2}}{R_{b1}+R_{b2}}U_{CC}$$

$$I_E = \frac{U_B - U_{BE}}{R_E} \approx I_C$$

$$U_{CE} = U_{CC} - I_C(R_C + R_E)$$

三极管是非线性元件，当输入小信号时，三极管工作在线性区，三极管可以等效地用线性元件来代替，这就是所谓的三极管微变等效电路。三极管输入特性曲线是非线性的。但是，在输入信号很小的情况下，可将静态工作点 Q 附近的工作段认为是直线，即 Δi_B 和 Δu_{BE} 成正比关系。把 Δi_B 和 Δu_{BE} 之比称为三极管的输入电阻，用 r_{be} 表示，即 $r_{be} = \dfrac{\Delta u_{BE}}{\Delta i_B}$，且有

输入电阻 $r_i = R_{b1}//R_{b2}//r_{be}$

输出电阻 $r_o \approx R_c$

电压放大倍数 $A_u = -\beta \dfrac{R_C // R_L}{r_{be}}$

1. 放大器静态工作点的测量与调试

（1）静态工作点的测量。测量放大器的静态工作点，应在输入信号 u_i=0 的情况下进行，即将放大器输入端与地端短接，然后选用量程合适的直流毫安表和直流电压表，分别测量晶体管的集电极电流 I_C 以及各电极对地的电位 U_B、U_C 和 U_E。一般实训中，为了避免断开集电极，采用测量电压，然后算出 I_C 的方法，例如，只要测出 U_E，即可用 $I_C \approx I_E = U_E/R_E$ 算出 I_C（也可根据 $I_C = (U_{CC} - U_C)R_C$，由 U_C 确定 I_C），同时也能算出 $U_{BE} = U_B - U_E$，$U_{CE} = U_C - U_E$。为了减小误差，提高测量精度，应选用内阻较高的直流电压表。

（2）静态工作点的调试。静态工作点是否合适，对放大器的性能和输出波形都有很大影响。如工作点偏高，放大器在加入交流信号以后易产生饱和失真，此时 u_o 的负半周将被削底，如图 1-5-2（a）所示；如工作点偏低则易产生截止失真，即 u_o 的正半周被缩顶（一般截止失真不如饱和失真明显），如图 1-5-2（b）所示。这些情况都不符合不失真放大的要求。所以在选定工作点以后还必须进行动态调试，即在放大器的输入端加一定的 u_i，检查输出电压 u_o 的大小和波形是否满足要求。如不满足，则应调节静态工作点的位置。

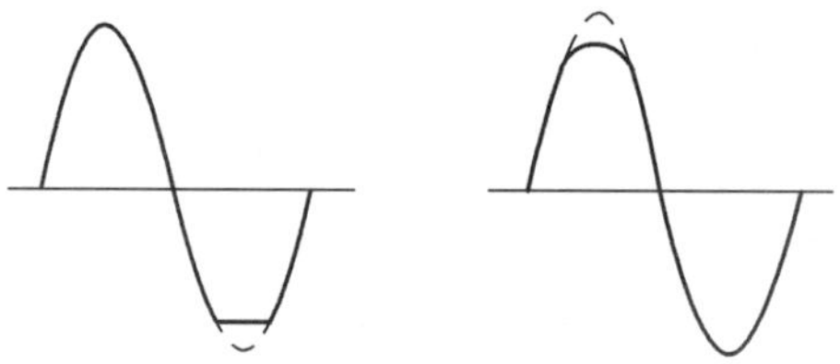

（a）饱和失真　　（b）截止失真

图 1-5-2　静态工作点对波形的影响

改变电路参数 U_{CC}、R_C、R_B（R_{b1}、R_{b2}）都会引起静态工作点的变化，但通常多采用调节偏置电阻 R_{b1} 的方法来改变静态工作点，如减小 R_{b1}，则可使静态工作点提高等。最后还要说明的是，上面所说的工作点“偏高”或“偏低”不是绝对的，应该是相对信号的幅度而言，如信号幅度很小，即使工作点较高或较低也不一定会出现失真。所以确切地说，产生波形失真是

信号幅度与静态工作点设置配合不当所致。如需满足较大信号幅度的要求，静态工作点最好尽量靠近交流负载线的中点。

2. 放大器动态指标测试

放大器动态指标测试有电压放大倍数、输入电阻、输出电阻、最大不失真输出电压等。

（1）电压放大倍数 A_V 的测量。调整放大器到合适的静态工作点，然后加上输入电压 u_i，在输出电压 u_o 不失真的情况下，用交流毫伏表测出 u_i 和 u_o 的有效值，则 $A_V=U_o/U_i$。

（2）输入电阻的测量。为了测量放大器的输入电阻，按图 1-5-3 所示电路在被测放大器的输入端与信号源之间串入一已知电阻 R，在放大器正常工作的情况下，用交流毫伏表测出 U_s 和 U_i，则根据输入电阻的定义可得

$$r_i=\frac{U_i}{I_i}=\frac{U_i}{U_R}R=\frac{U_i}{U_s-U_i}R$$

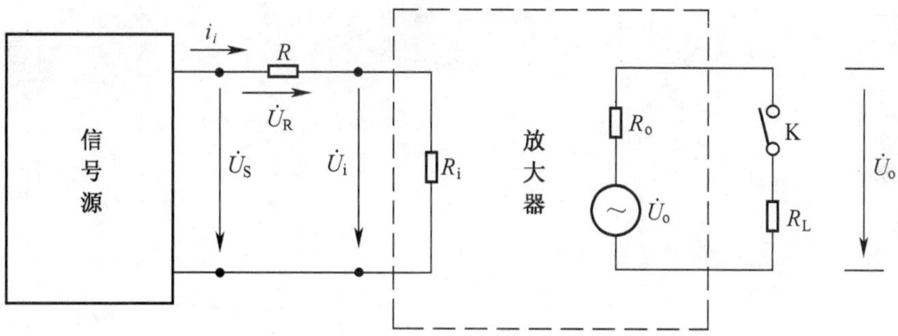

图 1-5-3　输入输出电阻的测量

测量时应注意：

1）由于电阻 R 两端没有电路公共接地点，所以测量 R 两端电压 U_R 时必须分别测出 U_s 和 U_i，然后按 $U_R=U_s-U_i$ 求出 U_R 值。

2）电阻 R 的值不要取得过大或过小，以免产生较大的测量误差，通常取 R 与 r_i 为同一数量级为好，本实训可取 $R=1\sim2\text{k}\Omega$。

（3）输出电阻的测量。按图 1-5-3 所示电路，在放大器正常工作条件下，测出输出端不接负载 R_L 的输出电压 U_o 和接入负载后的输出电压 U_L，根据

$$U_L=\frac{R_L}{r_o+R_L}U_o$$

即可求出 r_o

$$r_o=\left(\frac{U_o}{U_L}-1\right)R_L$$

在测试中应注意，必须保持 R_L 接入前后输入信号的大小不变。

（4）最大不失真输出电压 U_{opp} 的测试（最大动态范围）。如上所述，为了得到最大动态范围，应将静态工作点调在交流负载线的中点。为此在放大器正常工作情况下，逐步增大输入信号的幅度，并同时调节 R_P（改变静态工作点），用示波器观察 u_o，当输出波形同时出现削底和缩顶现象时，说明静态工作点已调在交流负载线的中点。然后反复调整输入信号，当波形输

出幅度最大，且无明显失真时，用交流毫伏表测出 u_o（有效值），则动态范围等于 $2\sqrt{2}\,U_o$。或用示波器直接读出 U_{opp} 来。

四、实训内容与步骤

三极管管脚如图 1-5-4 所示。

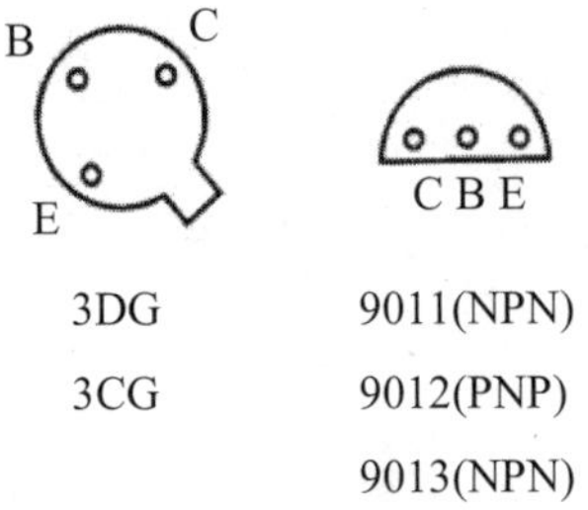

图 1-5-4　三极管引脚图

晶体管共射极单管放大器

1. 测量静态工作点

步骤 1：按图 1-5-1 连接电路，确认无误后，接通直流稳压电源（+12V）。

步骤 2：R_P 处于任一位置（原始状态）。

步骤 3：用电压表测量放大器的静态工作值 U_B、U_E、U_C，并将测量值填入表 1-5-1 中。若经过判断，认为放大器的工作点不够合理，那么调节 R_P，使 I_C=2.0mA（即 V_E=3.0V）用电压表再次测量 U_B、U_E、U_C 并记入表 1-5-1 中。

表 1-5-1　静态工作点实测数据

R_P 状态	测量值			计算值			放大器工作状态
初始任意状态	U_B/V	U_E/V	U_C/V	U_{BE}/V	U_{CE}/V	I_C/mA	
调整后							

2. 静态工作点对输出电压波形的影响

步骤 1：在放大器输入端加入频率为 1kHz 的正弦信号 U_s，调节信号源的输出旋钮使 U_i=10mV，并把结果记入表 1-5-2 中。

表 1-5-2　电压放大倍数实测

R_C/kΩ	R_L/kΩ	U_o	A_u
3	∞		
1.5	∞		
3	3		

步骤 2：在波形最大不失真的条件下，用交流毫伏表测量电压放大倍数，按表 1-5-2 进行操作，并将测得数值记入表 1-5-2 中。

步骤 3：调节 R_P 使输出电压 U_o 波形最大不失真，视为最佳状态，将此波形记录于表 1-5-3 中。

步骤 4：调节 R_P 使 V_{EQ} 最小，致使 U_o 一端有明显失真为止，用双踪示波器分别观察 U_i 和 U_o 的波形，将其填入表 1-5-3 中。

步骤 5：调节 R_P 使 V_{EQ} 最大，致使 U_o 一端有明显失真为止，用双踪示波器分别观察 U_i 和 U_o 的波形，将其填入表 1-5-3 中。

表 1-5-3　静态工作点对波形的影响

R_P 情况	输入波形 U_i	输出波形 U_o
R_P 最佳		
R_P 最大		
R_P 最小		

五、实训总结

1．列表整理测量结果，并把实测的静态工作点、电压放大倍数等与理论计算值相比较，分析产生误差的原因。

2．按格式书写实训报告。

3．讨论静态工作点变化对放大器输出波形的影响。

4．分析讨论在调试过程中出现的问题。

六、预习要求

阅读有关单管放大电路的内容并估算实训电路的性能指标。

实 训 报 告

班级　　　　　姓名　　　　　学号

实训题目：
实训目的：
实训设备：
内容过程：
实训总结：

实训六　负反馈放大电路

一、实训目的

（1）加深了解电压串联负反馈对放大器性能的影响。

（2）掌握负反馈放大器性能指标的测量方法。

（3）学习静态工作点的调试方法，训练按图接线和查线的能力。

二、实训设备与器件

（1）直流电压表。

（2）信号源。

（3）示波器。

（4）交流毫伏表。

（5）分立元器件。

三、实训原理

负反馈在电子电路中有着非常广泛的应用。虽然它使放大器的放大倍数降低，但能在多方面改善放大器的动态参数，如稳定放大倍数，改变输入、输出电阻，减小非线性失真和展宽通频带等。因此，几乎所有的放大器都带有负反馈。

负反馈放大器有四种组态，即电压串联、电压并联、电流串联、电流并联。本实训以电压串联负反馈为例，分析负反馈对放大器各项性能指标的影响。

1. 反馈放大器分类

（1）根据输出端取样对象分类，可分为电压反馈和电流反馈两种。电压反馈的反馈信号取自输出电压 U_o，反馈量与输出电压成正比；电流反馈的反馈信号取自输出电流 I_o，反馈量与输出电流成正比。

（2）根据与输入端的连接方式分类，可分为串联反馈和并联反馈两类。串联反馈是输入信号 U_i 与反馈信号 U_f 两者串联后获得净输入信号 U_i'；并联反馈是输入信号 I_i 与反馈信号 I_f 两者并联后获得净输入信号 I_i'。

（3）根据反馈极性分类，可分为负反馈和正反馈两类。若反馈信号与原来输入信号相位相反，削弱原来的输入信号，这种反馈称为负反馈；若反馈信号与原来输入信号相位相同，加强了原输入信号，这种反馈称为正反馈。

2. 主要性能指标

（1）闭环电压放大倍数 A_{Vf}。

$$A_{Vf}=\frac{A_V}{1+A_VF_V}$$

其中，$A_V=U_o/U_i$为基本放大器（无反馈）的电压放大倍数，即开环电压放大倍数；$1+A_VF_V$为反馈深度，它的大小决定了负反馈对放大器性能改善的程度。

（2）反馈系数。

$$F_V=\frac{R_{F1}}{R_f+R_{F1}}$$

（3）输入电阻。

$$r_{1f}=(1+A_VF_V)r_i'$$

式中，r_i'为基本放大器的输入电阻（不包括偏置电阻）。

（4）输出电阻。

$$r_{or}=\frac{r_o}{1+A_{VO}F_V}$$

式中，r_o为基本放大器的输出电阻；A_{VO}为基本放大器$R_L=\infty$时的电压放大倍数。

3. 负反馈对放大器性能的影响

（1）提高放大倍数的稳定性。由于负载和温度的变化及元件的老化等，放大电路的开环放大倍数也随之变化。引入负反馈以后，特别是反馈深度较深时，放大倍数稳定性的提高是以放大倍数下降为代价的。

（2）扩展带宽。在阻容耦合放大电路中，信号频率在高、低频区时，放大倍数均要下降。由于负反馈具有稳定放大器放大倍数的作用，放大倍数在高、低频区的下降速度减慢，即相当于带宽展宽。

（3）减小非线性失真。由于放大电路存在非线性元件，放大电路不可避免存在非线性失真，即输入正弦波信号，但输出信号不是正弦波。

（4）负反馈对输入电阻和输出电阻的影响。

1）负反馈对放大电路输入电阻的影响主要取决于串、并联反馈类型，而与输出端取样方式无关。

a．串联负反馈使输入电阻增大：串联负反馈的输入回路是取电压信号，负反馈电压使信号源提供电流减小，输入电阻增大。

b．并联负反馈使输入电阻减小：并联负反馈的输入回路是取电流信号，负反馈电流使信号源提供电流增大，输入电阻减小。

2）负反馈对输出电阻的影响。负反馈对放大电路输出电阻的影响主要取决于电压、电流反馈类型，而与输入端连接方式无关。

a．电压负反馈使输出电阻减小：电压负反馈可稳定输出电压，即当外接负载发生变化时，输出电压变化很小，这样从输出端看，相当于一个恒压源，故输出电阻很小。

b．电流负反馈使输出电阻增大：电流负反馈可稳定输出电流，即当外接负载发生变化时，输出电流变化很小，这样从输出端看，相当于一个恒流源，故输出电阻很大。

图 1-6-1 为带有负反馈的两级阻容耦合放大电路，在电路中通过电阻R_F把输出电压U_o引回到输入端，加在晶体管V_1的发射极上，在发射极电阻R_{EF}上形成反馈电压U_f。根据反馈的判断法可知，它属于电压串联负反馈。

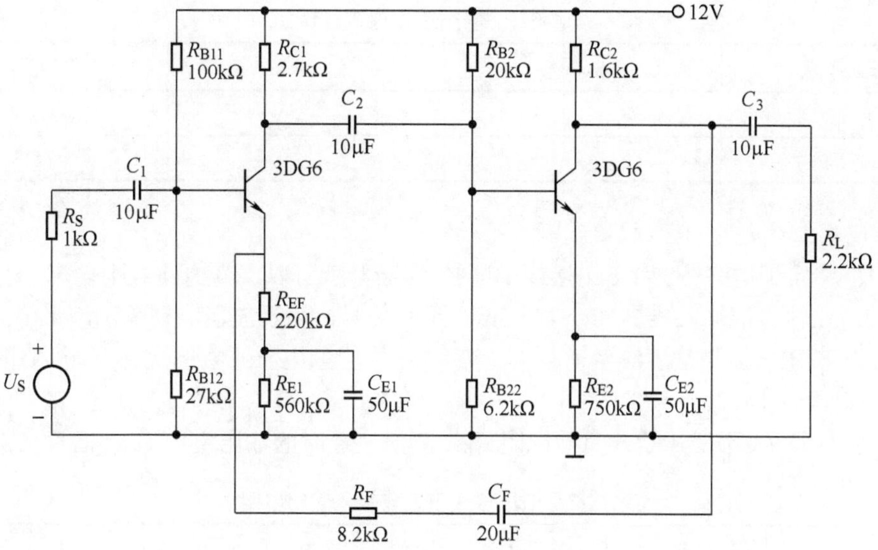

图 1-6-1 负反馈放大器电路图

本实训还需要测量基本放大器的动态参数。怎样实现无反馈而得到基本放大器呢？在基本放大电路的基础上把输出部分的电压引入输入部分，构成一个反馈系统。因此在测量基本放大器的动态参数时可以断开反馈支路，去掉反馈作用，得到基本放大电路。

根据上述描述，就可得到所要求的如图 1-6-2 所示的基本放大电路。

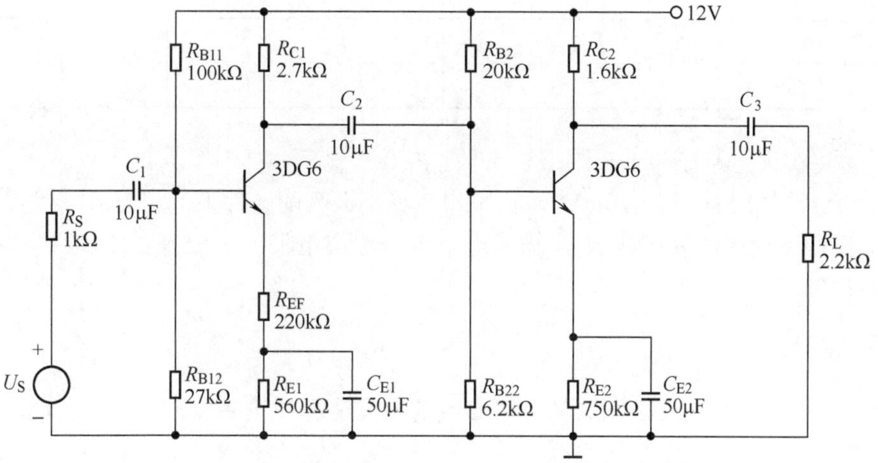

图 1-6-2 基本放大器电路图

负反馈放大器

四、实训内容与步骤

1．测量静态工作点

步骤： 按图 1-6-1 连接实训电路，取 U_{CC}=+12V，U_i=0，用电压表分别测量第一级、第二级的静态工作点，记入表 1-6-1 中。

表 1-6-1 静态工作点测量值

静态工作点	U_B/V	U_E/V	U_C/V
第一级			
第二级			

2. 测试基本放大器的各项性能指标

步骤 1：将实训电路按图 1-6-2 接线，即把 R_F 断开就可以，其他连线不动。

步骤 2：在输入端加入 f=1kHz、U_S=5mV 正弦信号，用示波器监视输出波形 u_o，在 u_o 不失真的情况下，用交流毫伏表测量 U_S、U_i、U_L，测量中频电压放大倍数 A_V，输入电阻 r_i 和输出电阻 r_o，记入表 1-6-2。

步骤 3：保持 U_S 不变，断开负载电阻 R_L，测量空载时的输出电压 U_o，记入表 1-6-2 中。

表 1-6-2 电压放大倍数与输入输出电阻

参数	U_S/mV	U_i/mV	U_L/mV	U_o/mV	A_V	r_i	r_o
基本放大器							
负反馈放大器							

步骤 4：接上 R_L 然后增加和减小输入信号的频率，找出上、下频率 f_h 和 f_L，记入表 1-6-3 中。

表 1-6-3 测量通频带

参数	f_L	f_h	A_f
基本放大器			
负反馈放大器			

步骤 5：将实训电路按图 1-6-1 接线，即把 R_F 接上就可以，其他连线不动。

步骤 6：适当加大 U_S（约 10mV），在输出波形不失真的条件下，用交流毫伏表测量 U_S、U_i、U_L，测量中频电压放大倍数 A_V，输入电阻 r_i 和输出电阻 r_o，记入表 1-6-2；测量 f_h 和 f_L 记入表 1-6-3 中。

五、实训总结

1. 将基本放大器和负反馈放大器动态参数的实测值和理论估算值列表进行比较。
2. 根据实训结果，总结电压串联负反馈对放大器性能的影响。
3. 整理实训结果，按格式填写实训报告。

六、预习要求

1. 复习有关负反馈放大器的内容。
2. 怎样把负反馈放大器改接成基本放大器？

实 训 报 告

班级　　　　姓名　　　　学号

实训题目：
实训目的：
实训设备：
内容过程：
实训总结：

实训七　差动放大电路

一、实训目的

（1）加深对差动放大电路性能及特点的理解。

（2）学习差动放大电路主要性能指标的测试方法。

二 、实训设备与器件

（1）交流毫伏表。

（2）信号源。

（3）示波器。

（4）直流电压表。

（5）三极管 3DG6×3（或 9011×3），要求 VT_1、VT_2 管特性参数一致。

三、实训原理

差动放大器主要用作直流放大的输入级，具有很强的“零点漂移”抑制作用。这里所说的直流是指变化比较缓慢的电信号，如由温度传感器检测出的反映温度变化的电信号等。图 1-7-1 是差动放大器的基本结构。它由两个元件参数相同的基本共射放大电路组成。当 K 接入左边时，构成典型的差动放大器。用调零电位器 R_P 调节 T_1、T_2 管的静态工作点，使输入信号 $U_i=0$ 时，双端输出电压 $U_o=0$。R_E 为两管共用的发射极电阻，它对差模信号无负反馈作用，因而不影响差模电压放大倍数，但对共模信号有较强的负反馈作用，故可以有效地抑制零漂，稳定静态工作点。当 K 接入右边时，构成具有恒流源的差动放大器，用晶体管恒流源代替发射极电阻 R_E，可以进一步提高差动放大器抑制共模信号的能力。

1. 对零点漂移的抑制作用

零点漂移（简称零漂）指放大电路输入信号为零时，输出信号不为 0 的现象。产生零漂的主要原因是温度对三极管参数产生影响。

（1）无信号输入时，由于两管的特性相同，元件参数相等，所以 $I_{B1}=I_{B2}$，$I_{C1}=I_{C2}$，$U_{C1}=U_{C2}$，两管集电极之间的输出电压为零，即 $U_o=U_{C1}-U_{C2}=0$。由此可见：在电路完全对称的情况下，当输入信号为零时，输出信号也为零，避免了“零漂”现象。

（2）当环境温度发生变化或电源电压出现波动时，将引起三极管参数的变化，导致 I_C 发生变化。但由于两管特性相同，且电路对称，所以引起的集电极电流 I_C 变化量相同，即 $\Delta I_{C1}=\Delta I_{C2}$；集电极电压变化量也相同，即 $\Delta U_{C1}=\Delta U_{C2}$。于是输出电压变化量为 $\Delta U_o=\Delta U_{C1}-\Delta U_{C2}=0$，故“零漂”现象消失。

2. 差模电压放大倍数 A_{ud}

$$A_{ud}=\Delta U_{od}/\Delta U_{id}=A_{ul}$$

由此公式可知，整个差动放大电路对差模信号的电压放大倍数与单管电压放大倍数相等。

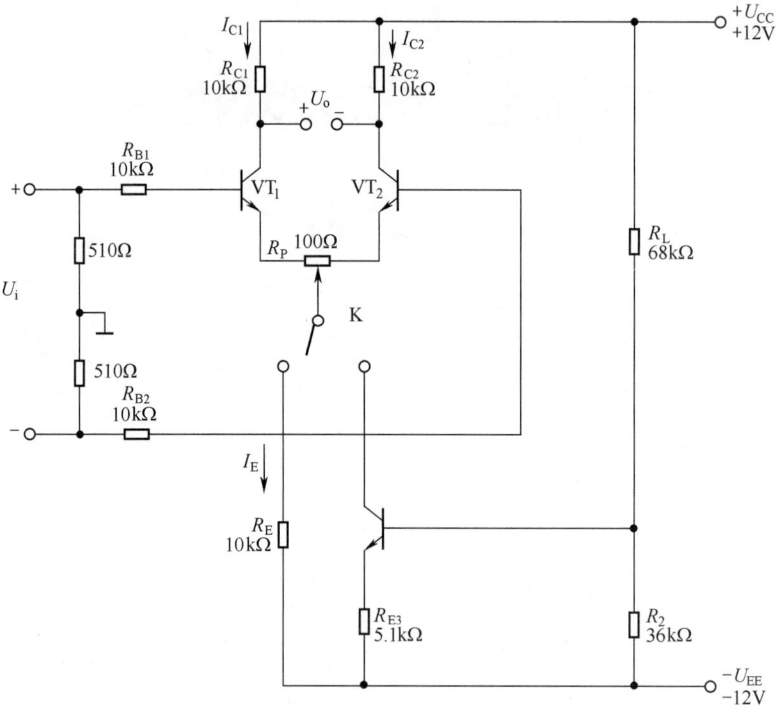

图 1-7-1　差动放大电路

3. 共模电压放大倍数 A_{uc}

$$A_{uc}=\Delta U_{oc}/\Delta U_{ic}=A_{u1}-A_{u2}=0$$

由上述公式可知，差分放大电路参数完全对称时，共模放大倍数为 0。实际上由于元件不可能完全对称，因此 A_{uc} 也不会绝对等于 0。

4. 共模抑制比 K_{CMR}

为了表征差动放大器对有用信号（差模信号）的放大作用和对共模信号的抑制能力，通常用一个综合指标来衡量，即共模抑制比

$$K_{CMR}=\left|\frac{A_{ud}}{A_{uc}}\right|$$

差动放大器的输入信号可采用直流信号也可用交流信号。本实训采用由信号源提供频率 f=1kHz 的正弦信号作为输入信号。

四、实训内容与步骤

差动放大电路

1. 典型差动放大器性能测试

（1）测量静态工作点。

步骤 1：按图 1-7-1 连接实训电路，K 接入左边构成典型差动放大器。

步骤 2：调节放大器零点。信号源不接入，将放大器输入端与地短接，接通±12V 直流电源，用电压表测量输出电压 U_o，调节调零电位器 R_P，使 U_o=0。调节要仔细，力求准确。

步骤 3：零点调好以后，用电压表测量 VT_1、VT_2 管各电极电位及射极电阻 R_E 两端电压 U_{RE}，记入表 1-7-1 中。

表 1-7-1　静态工作点的测量

测量值	U_{C1}/V	U_{B1}/V	U_{E1}/V	U_{C2}/V	U_{B2}/V	U_{E2}/V	U_{RE}/V
计算值	I_C/mA		I_B/mA		U_{CE}/V		

（2）测量差模电压放大倍数。

步骤 1：断开直流电源，将信号源的输出端接放大器输入端构成双端输入方式（注意：此时信号源浮地），调节输入信号频率为 f=1kHz，输出旋钮旋至 0，用示波器监视输出端（集电极 T_1 或 T_2 与地之间）。

步骤 2：接通±12V 直流电源，逐渐增大输入电压 U_i（约 100mV），在输出波形无失真的情况下，用交流毫伏表测量 U_i、U_{C1}、U_{C2}，记入表 1-7-2 中，并观察 U_i、U_{C1}、U_{C2} 之间的相位关系及 U_{RE} 随 U_i 改变而变化的情况。（如测 U_i 时因信号浮地有干扰，可分别测 A 点和 B 点对地间电压，两者之差为 U_i）。

表 1-7-2　差模电压放大倍数的测量

参数	典型差动放大电路		具有恒流源差动放大电路	
	双端输入	共模输入	双端输入	共模输入
U_i	100mV	1V	100mV	1V
U_{C1}/V				
U_{C2}/V				
A_{ud}		/		/
A_{uc}	/		/	
K_{CMR}				

（3）测量共模电压放大倍数。

步骤：将放大器输入端短接，信号源接输入端与地之间，构成共模输入方式，调节输入信号为 f=1kHz，U_i=1V，在输出电压无失真的情况下，测量 U_{C1}、U_{C2}，将结果记入表 1-7-2 中，并观察 U_i、U_{C1}、U_{C2} 之间的相位关系及 U_{RE} 随 U_i 变化而改变的情况。

2. 具有恒流源的差动放大电路性能测试

步骤：将图 1-7-1 电路中 K 拨向右边，构成具有恒流源的差动放大电路。重复步骤 1~步骤 6，把结果记入表 1-7-1、表 1-7-2 中。

五、实训总结

1. 整理实训数据，列表比较实训结果和理论估算值，分析误差原因。
2. 比较 U_i、U_{C1} 和 U_{C2} 之间的相位关系。
3. 根据实训结果，总结电阻 R_E 和恒流源的作用。
4. 记录、整理实训结果，按格式填写实训报告。

六、预习要求

1．根据实训电路参数，估算典型差动放大器和具有恒流源的差动放大器的静态工作点及差模电压放大倍数。

2．测量静态工作点时，放大器输入端 A、B 与地应如何连接？

实 训 报 告

班级　　　　　姓名　　　　　学号

实训题目：
实训目的：
实训设备：
内容过程：
实训总结：

实训八　射极跟随器

一、实训目的

（1）掌握射极跟随器的特性及测试方法。
（2）进一步学习放大器各项参数测试方法。

二、实训设备与器件

（1）+12V 直流电源。
（2）信号源。
（3）双踪示波器。
（4）直流电压表。
（5）三极管 3DG12×1（β=50～100）或 9011。
（6）交流毫伏表。
（7）电阻器、电容器若干。

三、实训原理

射极跟随器的原理图如图 1-8-1 所示。它是一个电压串联负反馈放大电路，信号从基极输入，从发射极输出。它输入电阻高，对前级电路影响小，可以作为多级放大器的第一级；输出阻抗低，带负载能力强，可以作为多级放大器的输出级。由于它的这两个特点，可以在多级放大器里做缓冲级。电压放大倍数接近于 1，具有输出电压能够在较大范围内跟随输入电压作线性变化，以及输入与输出信号同相等特点。射极跟随器的输出取自发射极，故称其射极输出器。

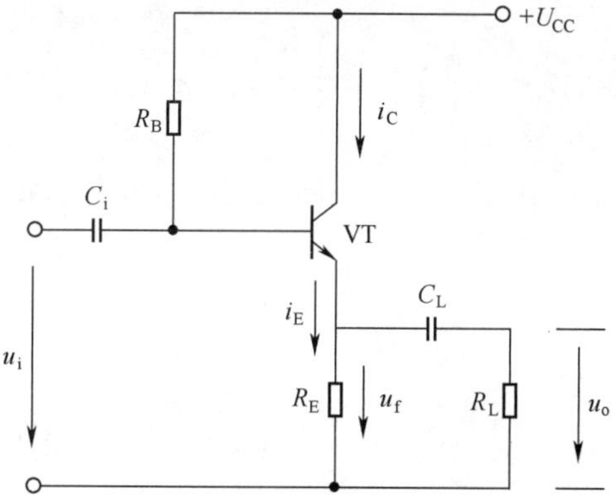

图 1-8-1　射极跟随器

1. 输入电阻 R_i

$$R_i=r_{be}+(1+\beta)R_E$$

如考虑偏置电阻 R_B 和负载 R_L 的影响，则

$$R_i=R_B /\!/ [r_{be}+(1+\beta)(R_E /\!/ R_L)]$$

由上式可知射极跟随器的输入电阻 R_i 比共射极单管放大器的输入电阻（$R_i=R_B // r_{be}$）要高得多，但由于偏置电阻 R_B 的分流作用，输入电阻难以进一步提高。

输入电阻的测试方法同单管放大器，实训线路如图 1-8-2 所示。

$$R_i = \frac{U_i}{I_i} = \frac{U_i}{U_s - U_i} R$$

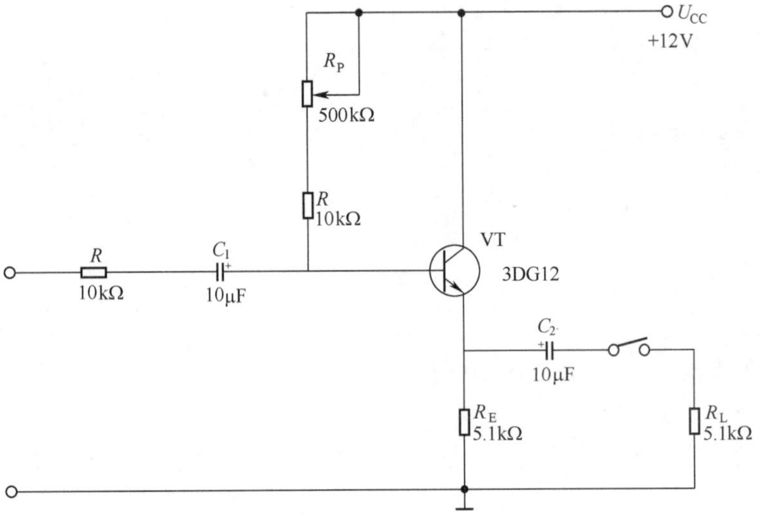

图 1-8-2　射极跟随器电路

2. 输出电阻 R_o

$$R_o = \frac{r_{be}}{\beta} // R_I \approx \frac{r_{be}}{\beta}$$

如考虑信号源内阻 R_S，则

$$R_o = \frac{r_{be} + (R_S // R_E)}{\beta} // R_I \approx \frac{r_{be} + (R_S // R_E)}{\beta}$$

由上式可知射极跟随器的输出电阻 R_o 比共射极单管放大器的输出电阻（$R_o \approx R_C$）低得多。三极管的 β 越高，输出电阻越小。

输出电阻 R_o 的测试方法同单管放大器，即先测出空载输出电压 U_o，再测接入负载 R_L 后的输出电压 U_L，根据

$$U_L = \frac{R_L}{R_o + R_L} U_o$$

即可求出 R_O

$$R_o = \left(\frac{U_o}{U_L} - 1\right) R_L$$

3. 电压放大倍数 A_V

$$A_V = \frac{(1+\beta)(R_E // R_L)}{r_{bc}(1+\beta)(R_E // R_L)} \leqslant 1$$

上式说明射极跟随器的电压放大倍数小于等于 1，且为正值。这是深度电压负反馈的结果。

但它的射极电流仍比基流大$(1+\beta)$倍，所以它具有一定的电流和功率放大作用。

4. 电压跟随范围

电压跟随范围是指射极跟随器输出电压 u_o 跟随输入电压 u_i 作线性变化的区域。当 u_i 超过一定范围时，u_o 便不能跟随 u_i 作线性变化，即 u_o 波形产生了失真。为了使输出电压 u_o 正、负半周对称，并充分利用电压跟随范围，静态工作点应选在交流负载线中点，测量时可直接用示波器读取 u_o 的峰峰值，即电压跟随范围；或用交流毫伏表读取 u_o 的有效值。

四、实训内容与步骤

射极跟随器

1. 静态工作点的调整

步骤 1： 按图 1-8-2 连接电路。

步骤 2： 接通+12V 直流电源，加 f=1kHz、400mV 正弦信号 u_i，输出端用示波器监视输出波形，反复调整 R_p 及信号源的输出幅度，使在示波器的屏幕上得到一个最大不失真输出波形，然后置 u_i=0，用直流电压表测量晶体管各电极对地电位，将测得数据记入表 1-8-1。

表 1-8-1　静态工作点的测量

U_E/V	U_B/V	U_C/V	I_E/mA

注意： 在下面整个测试过程中应保持 R_p 值不变（即保持静工作点 I_E 不变）。

2. 测量电压放大倍数 A_V

步骤： 接入负载 R_L=1kΩ，加 f=1kHz、400mV 正弦信号 u_i，调节输入信号幅度，用示波器观察输出波形 u_o，在输出最大不失真情况下，用交流毫伏表测 U_i、U_L 值，记入表 1-8-2。

表 1-8-2　电压放大倍数

U_i/V	U_L/V	A_V

3. 测量输出电阻 R_o

步骤： 接上负载 R_L=1kΩ，加 f=1kHz 正弦信号 u_i，用示波器监视输出波形，测空载输出电压 U_o，有负载时输出电压 U_L，记入表 1-8-3。

表 1-8-3　输出电阻

U_o/V	U_L/V	R_o/kΩ

4. 测量输入电阻 R_I

步骤： 加 f=1kHz 的正弦信号 u_S，用示波器监视输出波形，分别测出 U_S、U_i，记入表 1-8-4。

表 1-8-4　输入电阻

U_S/V	U_i/V	R_i/kΩ

5. 测试跟随特性

步骤： 接入负载 R_L=1kΩ，加入 f=1kHz 正弦信号 u_i，逐渐增大信号 u_i 幅度，用示波器监视输出波形直至输出波形达最大不失真，测量对应的 U_L 值，将其记入表 1-8-5。

表 1-8-5　跟随特性

U_i/V				
U_L/V				

6. 测试频率响应特性

步骤： 保持输入信号 u_i 幅度不变，改变信号源频率，用示波器监视输出波形，测量不同频率下的输出电压 U_L 值，将其记入表 1-8-6。

表 1-8-6　频率响应

f/kHz				
U_L/V				

五、实训总结

1. 记录、整理实训结果，按格式填写实训报告。
2. 根据实训数据分析射极跟随器的性能和特点。

六、预习要求

复习射极跟随器的工作原理。

实 训 报 告

班级　　　　　　姓名　　　　　　学号

实训题目：
实训目的：
实训设备：
内容过程：
实训总结：

实训九　集成运算放大器的线性应用（基本运算电路）

一、实训目的

（1）能够正确理解由集成运放组成的比例、加法、减法、积分等基本运算电路的功能。
（2）了解运算放大器在实际应用时应考虑的一些问题。

二、实训设备与器材

（1）集成运算放大器μA741×1。
（2）信号源（下组件）。
（3）交流毫伏表。
（4）数字直流电压表。
（5）双踪示波器（自备）。
（6）根据各连接电路自制电阻、电容。

三、实训原理

集成运算放大器是一种具有高电压放大倍数的直接耦合型多级放大电路。当外部接入不同的线性或非线性元器件组成输入和负反馈电路时，可以灵活地实现各种特定的函数关系。在线性应用方面，可组成比例、加法、减法、积分、微分、对数等基本运算电路。

基本运算电路有以下几种。

1．*反相比例运算电路*

反相比例运算电路如图 1-9-1 所示。对于理想运放，该电路的输出电压与输入电压之间的关系为

$$U_o = -\frac{R_F}{R_1}U_i$$

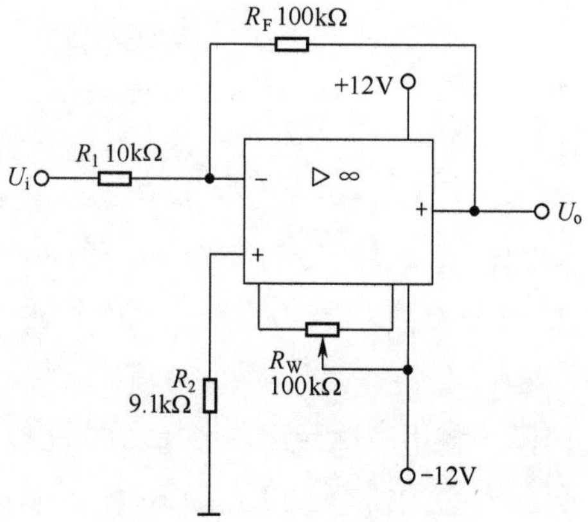

图 1-9-1　反相比例运算电路

为了减小输入级偏置电流引起的运算误差，在同相端应接入平衡电阻 $R_2=R_1||R_F$，如图 1-9-2 所示。

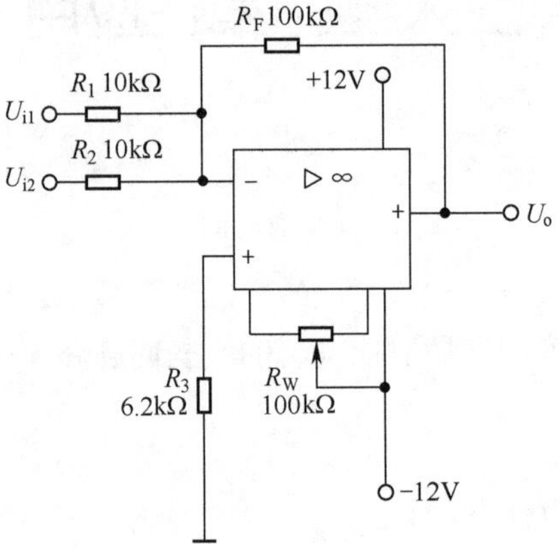

图 1-9-2 接入平衡电阻的反相比例运算电路

2. 同相比例运算电路

图 1-9-3（a）是同相比例运算电路，它的输出电压与输入电压之间的关系为

$$U_o=\left(1+\frac{R_F}{R_1}\right)U_i$$

$$R_2=R_1\|R_F$$

当 $R_1\to\infty$时，

$$U_o=U_i$$

即得到如图 1-9-3（b）所示的电压跟随器，图中 $R_2=R_F$，用以减小漂移和起保护作用。一般 R_F 取 10kΩ，R_F 若太小起不到保护作用，若太大则影响跟随性。

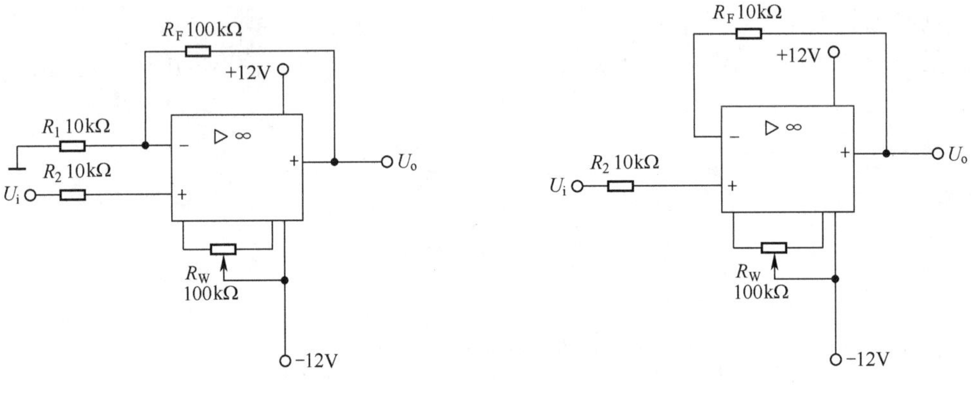

（a）同相比例运算电路　　（b）电压跟随器

图 1-9-3 同相比例运算电路与电压跟随器

3. 反相加法运算电路

反相加法运算电路如图 1-9-2，输出电压与输入电压之间的关系为

$$U_o=\left(\frac{R_F}{R_1}U_{i1}+\frac{R_F}{R_2}U_{i2}\right)$$

$$R_3=R_1\|R_2\|R_F$$

4. 减法运算电路

对于图 1-9-4 所示的减法运算电路，有如下关系式

$$U_o=\left(1+\frac{R_F}{R_1}\right)\frac{R_3}{R_2+R_3}U_{i1}-\frac{R_F}{R_1}U_{i2}$$

当 $R_1=R_2$，$R_3=R_F$ 时，又有如下关系式

$$U_o=\left(1+\frac{R_F}{R_1}\right)(U_{i1}-U_{i2})$$

5. 积分运算电路

反相积分运算电路如图 1-9-5 所示。在理想化条件下，输出电压 U_o 等于

$$U_o(t)=-\left[\frac{1}{RC}\int_o^t U_i\mathrm{d}t+U_C(0)\right]=-\frac{1}{RC}\int_0^t U_i\mathrm{d}t+U_C(0)$$

式中，$U_c(0)$是 $t=0$ 时刻电容 C 两端的电压值，即初始值。

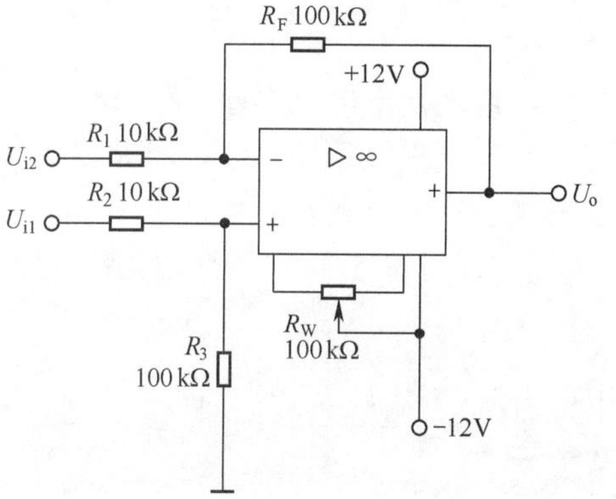

图 1-9-4　减法运算电路

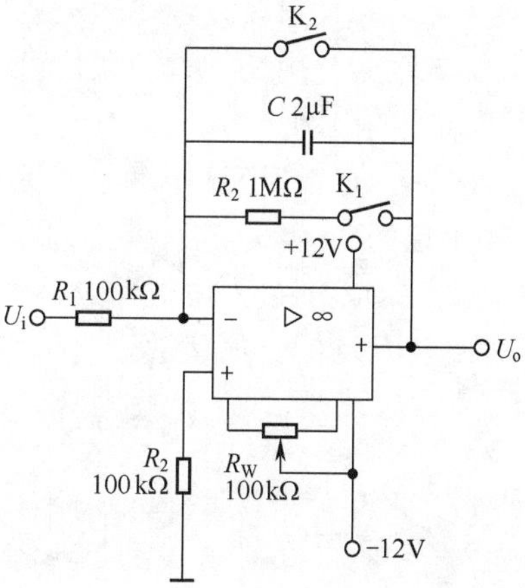

图 1-9-5　反相积分运算电路

如果 $U_i(t)$是幅值为 E 的阶跃电压，并设 $U_c(0)=0$，则

$$U_o(t)=-\frac{1}{RC}\int_0^t E\mathrm{d}t=-\frac{E}{RC}t$$

即输出电压 $U_o(t)$随时间增长而线性下降。显然 RC 的数值越大，达到给定的 U_o 值所需的时间就越长。积分输出电压所能达到的最大值受集成运放最大输出范围的限制。

在进行积分运算之前，首先应对运放调零。为了便于调节，将图中 K_1 闭合，即通过电阻 R_2 的负反馈作用帮助实现调零。但在完成调零后，仍将 K_1 打开，以免因 R_2 的接入造成积分误差。K_2 的设置一方面为积分电容放电提供通路，同时可实现积分电容初始电压 $u_c(0)=0$，另一方面，可控制积分起始点，即在加入信号 u_i 后，只要 K_2 一打开，电容就将被恒流充电，电路也就开始进行积分运算。

6. 集成运放μA741 介绍

本实训采用的集成运放型号为μA741，其引脚排列如图 1-9-6 所示。它是八脚双列直插式组件，其中：1 脚和 5 脚为失调调零端，1、5 脚之间可接入一只几十千欧的电位器并将滑动触

头接到 4 脚负电源端；2 脚为反相输入端；3 脚为同相输入端；4 脚为负电源端；6 脚为输出端；7 脚为正电源端；8 脚为空脚。

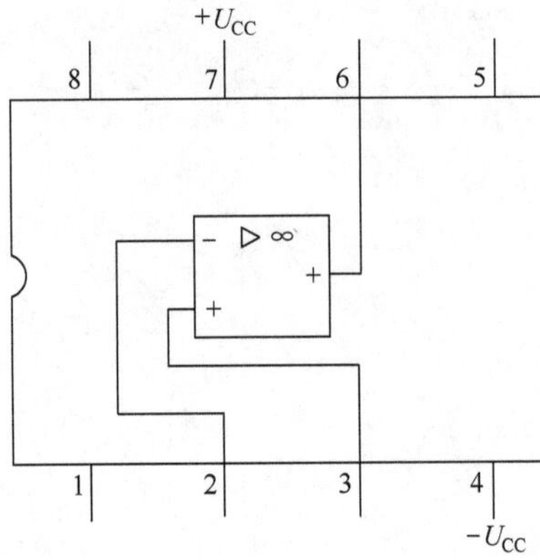

图 1-9-6　集成运放μA741 引脚排列图

7. 集成运放在使用时应考虑的一些问题

（1）输入信号选用交、直流量均可。但在选取信号的频率和幅度时，应考虑运放的频响特性和输出幅度的限制。

（2）调零。为提高运算精度，在运算前，应首先对直流输出电位进行调零，即保证输入为 0 时，输出也为 0。当运放有外接调零端子时，可按组件要求接入调零电位器 R_W。调零时，将输入端接地，调零端接入电位器 R_W，用直流电压表测量输出电压 U_o，细心调节 R_W。使 U_o 为 0（即失调电压为 0）。如运放没有调零端子，若要调零，可按图 1-9-7 所示电路进行调零。

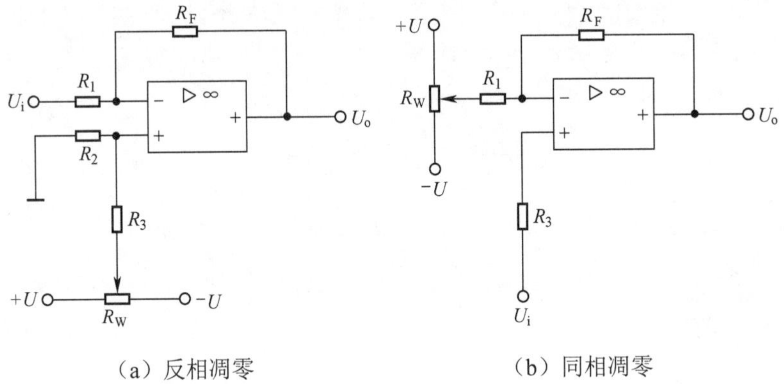

图 1-9-7　无调零端集成运放调零电路

一个运放如不能调零，大致有如下原因：

1）组件正常，接线有错误。

2）组件正常，但负反馈不够强（R_F/R_1 太大），此时可将 R_F 短路，观察是否能调零。

3）组件正常，但由于它所允许的共模输入电压太低，可能出现自锁现象，因而不能调零。此时将电源断开后，再重新接通，如能恢复正常，则属于这种情况。

4）组件正常，但电路有自激现象，应进行消振。

5）组件内部损坏，应更换好的集成块。

（3）消振。一个集成运放自激时，表现为即使输入信号为 0，亦会有输出，使各种运算功能无法实现，严重时还会损坏器件。在实训中，可用示波器监视输出波形。为消除运放的自激，常采用如下措施：

1）若运放有相位补偿端子，可利用外接 *RC* 补偿电路，产品手册中有补偿电路及元件参数提供。

2）电路布线、元器件布局应尽量减少分布电容。

3）在正、负电源进线与地之间接上几十微法的电解电容与 0.01～0.1μF 的陶瓷电容相并联以减小电源引线的影响。

四、实训内容及步骤

注意：实训前要看清运放组件各管脚的位置。切忌正、负电源极性接反和输出端短路，否则将会损坏集成块。

1. 反相比例运算电路

反相比例运算

步骤 1：按图 1-9-1 连接实训电路，接通 12V 电源。

步骤 2：输入端 U_i 对地短路，在运放μA741①⑤脚之间接入一只 100kΩ 的电位器 R_P 并将滑动触头接到④脚负电源端。用直流电压表测量输出电压 U_o，细心调节 R_P，使 U_o 为 0，进行调零和消振。

步骤 3：将预先利用函数信号发生器调好的 U_i=0.5V，f=100Hz 的正弦交流信号加入输入端 U_i，利用交流毫伏表测量相应的 U_o，并用双踪示波器观察 U_o 和 U_i 的相位关系，最后将实训数据记入表 1-9-1 中。

步骤 4：将已实际测出的实训数据 U_o 和 U_i，代入公式 $A_u=\dfrac{U_o}{U_i}$，求出 A_u 的实测值填入表 1-9-1 中。

步骤 5：根据反相比例运算电路放大倍数计算公式 $A_u=\dfrac{R_F}{R_1}$，求出 A_u 的计算值填入表 1-9-1 中。

表 1-9-1 反相比例运算电路实训数据表

U_i/V	U_o/V	U_i 波形	U_o 波形	A_u	
				实测值	计算值

2. 同相比例运算电路

同相比例运算

步骤 1：按图 1-9-3（a）连接实训电路，接通 12V 电源。

步骤 2：同上述实训内容 1 的步骤 2，进行调零和消振。

步骤 3：同上述实训内容 1 的步骤 3。

步骤 4： 根据同相比例运算电路放大倍数计算公式 $A_u=\left(1+\frac{R_F}{R_1}\right)$，求出 A_u 的计算值并将其填入表 1-9-2 中。

表 1-9-2　U_i=0.5V，f=100Hz 时同相比例运算电路实训数据表

U_i/V	U_o/V	U_i 波形	U_o 波形	A_u	
				实测值	计算值

步骤 5： 按图 1-9-3（b）连接实训电路，重复上述实训内容步骤 1、2、3，将各实训数据填入表 1-9-3 中，并根据电压跟随器运算电路放大倍数计算公式 A_u=1，检验电路的正确性。

表 1-9-3　U_i=0.5V，f=100Hz 时电压跟随器运算电路实训数据表

U_i/V	U_o/V	U_i 波形	U_o 波形	A_u	
				实测值	计算值

3. 反相加法运算电路

步骤 1： 按图 1-9-2 连接实训电路，调零和消振。

步骤 2： 输入信号采用直流信号，图 1-9-8 所示电路为简易直流信号源，由实训者自行完成。实训时要注意选择合适的直流信号幅度以确保集成运放工作在线性区。用数字电压表测量输入电压 U_{i1}、U_{i2} 及输出电压 U_o，记入表 1-9-4 中。

反相加法运算

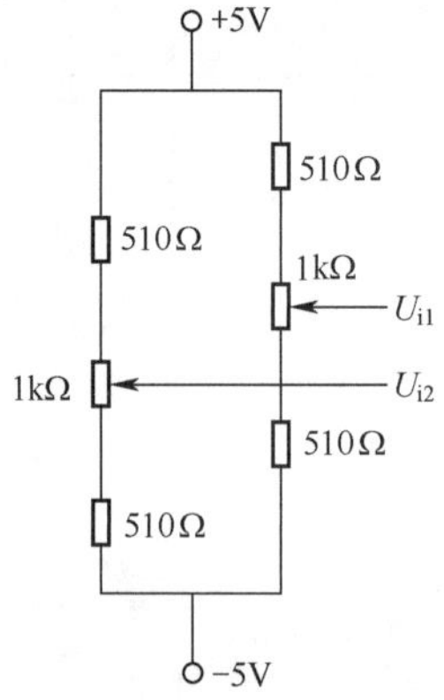

图 1-9-8　反相加法运算电路简易直流信号源电路图

表 1-9-4　反相加法运算电路实训数据表

U_{i1}/V			
U_{i2}/V			
U_o/V			

4．减法运算电路

步骤 1： 按图 1-9-4 连接实训电路，调零和消振。

步骤 2： 采用直流输入信号，实训步骤同内容 3（反相加法运算电路），将实训数据记入表 1-9-5 中。

减法运算

表 1-9-5　减法运算电路实训数据表

U_{i1}/V			
U_{i2}/V			
U_o/V			

5．积分运算电路

步骤 1： 按图 1-9-5 连接实训电路，接通±12V 稳压电源。

步骤 2： 打开 K_2，闭合 K_1 对运放输出进行调零。

步骤 3： 调零完成后，再打开 K_1，闭合 K_2，使 U_o=0。

步骤 4： 预先调好直流输入电压 U_i=0.5V，接入实训电路，再打开 K_2，然后用数字电压表测输出电压 U_o，每隔 5s 读一次 U_o，记入表 1-9-6 中，直到 U_o 不继续明显增大为止。

表 1-9-6　积分运算电路实训数据表

t/s	0	5	10	15	20	25	30	35	…	…	…
U_o/V											

五、实训总结

1．整理实训数据，画出波形图（注意波形间的相对关系），按格式书写实训报告。

2．将理论计算结果和实测数据相比较，分析产生误差的原因。

3．分析讨论实训中出现的现象和问题。

六、预习要求

1．复习集成运放线性应用部分内容，并根据实训电路参数计算各电路输出电压的理论值。

2．在反相加法器中，如 U_{i1} 和 U_{i2} 均采用直流信号，并选定 U_{i2}=–1V，当考虑到运算放大的最大输出幅度（±12V）时，$|U_{i1}|$的大小不应超过多少伏？

3．在积分电路中，如 R_1=100kΩ，C=4.7μF，求时间常数。假设 U_i=0.5V，问要使输出电压 U_o 达到 5V，需多长时间［设 $u_c(0)$=0］？

4．为了不损坏集成块，实训中应注意什么问题？

实 训 报 告

班级　　　　姓名　　　　学号

实训题目：
实训目的：
实训设备：
内容过程：
实训总结：

实训十　集成运算放大器的非线性应用（电压比较器）

一、实训目的

（1）掌握常见电压比较器的电路构成及特性。

（2）学会测电压比较器的电压传输特性的方法。

二、实训设备与器件

（1）±12V 直流电源。

（2）函数信号发生器。

（3）双踪示波器（自备）。

（4）直流电压表。

（5）交流毫伏表。

（6）运算放大器 μA741×2。

（7）稳压管 2CW231×1。

（8）二极管 IN4148×2，电阻器等。

（9）–5V～+5V 可调直流信号源×2。

三、实训原理

电压比较器是集成运放非线性应用电路，它将一个模拟量电压信号和一个参考电压相比较，在二者幅度相等的附近，输出电压将产生跃变，相应输出高电平或低电平。比较器可以组成非正弦波形变换电路及应用于模拟与数字信号转换等领域。

图 1-10-1 所示为一最简单的电压比较器，U_R 为参考电压，加在运放的同相输入端，输入电压 u_i 加在反相输入端。

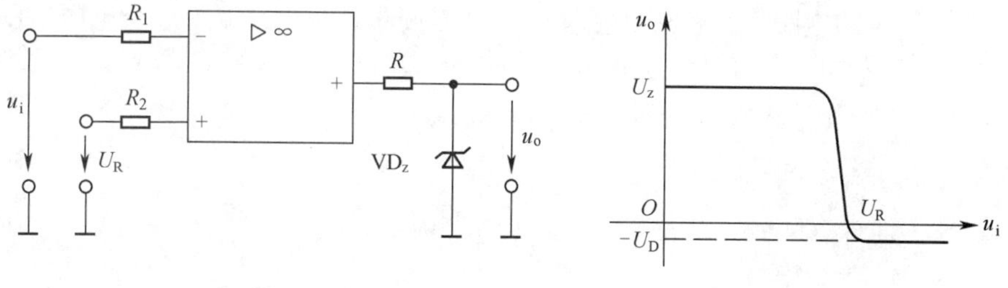

（a）电路图　　（b）传输特性

图 1-10-1　电压比较器

当 $u_i<U_R$ 时，运放输出高电平，稳压管 VD_z 反向稳压工作。输出端电位被其箝位在稳压管的稳定电压 U_z，即 $u_o=U_z$。

当 $u_i>U_R$ 时，运放输出低电平，VD_z 正向导通，输出电压等于稳压管的正向压降 u_o，即 $u_o=-U_D$。因此，以 U_R 为界，当输入电压 u_i 变化时，输出端反映出两种状态。

表示输出电压与输入电压之间关系的特性曲线，称为传输特性。图 1-10-1（b）为图 1-10-1（a）电压比较器的传输特性。

常用的电压比较器有过零比较器、具有滞回特性的过零比较器（又称滞回比较器）、双限比较器（又称窗口比较器）等。

1. 过零比较器

图 1-10-2 所示的电路为加限幅电路的过零比较器，VD_z 为限幅稳压管。信号从运放的反相输入端输入，参考电压为 0，从同相端输入。

当 $u_i>0$ 时，输出 $u_o=-(U_Z+U_D)$。

当 $u_i<0$ 时，输出 $u_o=+(U_Z+U_D)$。

过零比较器的电压传输特性如图 1-10-2（b）所示。

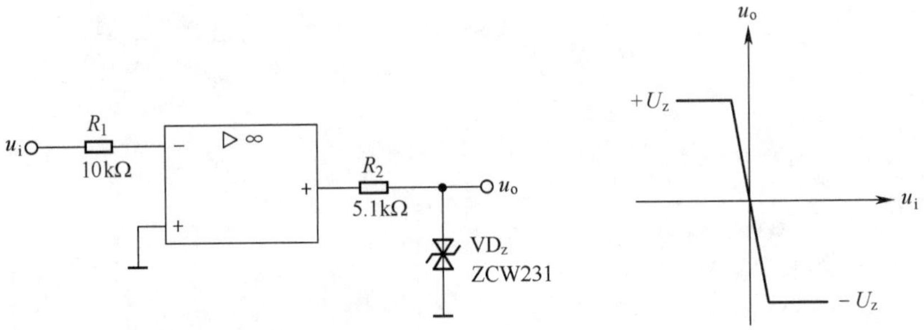

（a）过零比较器　　（b）电压传输特性

图 1-10-2 过零比较器

过零比较器结构简单，灵敏度高，但抗干扰能力差。

2. 滞回比较器

过零比较器在实际工作时，如果 u_i 恰好在过零值附近，则由于零点漂移的存在，u_o 将不断由一个极限值转换到另一个极限值。这在控制系统中，对执行机构将是很不利的。为此，就需要输出特性具有滞回现象。

图 1-10-3 所示的电路为具有滞回特性的过零比较器。从输出端引一个电压串联正反馈支路到同相输入端，对 u_o 进行分压。若 u_o 改变状态，Σ 点电位 U_Σ 也随着改变，使过零点离开原来位置。进而为同相输入端提供两个阈值电压。

由图 1-10-3（a）可知：

当输出为 $+U_z$ 时，$U_\Sigma=\dfrac{R_2}{R_2+R_f}U_z$，称为上限阈值电压。

当输出为 $-U_z$ 时，$-U_\Sigma=-\dfrac{R_2}{R_2+R_f}U_z$，称为下限阈值电压。

滞回比较器的工作原理叙述如下：

设开始时 $u_o=U_z$。当 u_i 由负向正变化，且使 u_i 稍大于 U_Σ 时，u_o 由 U_z 跳变为 $-U_z$，电路输出翻转一次；当 u_i 由正向负变化，回到 U_Σ 时，由于此时阈值为 $-U_\Sigma$，电路输出并不翻转，只

有在 u_i 稍小于 $-U_\Sigma$ 时，u_o 由 $-U_z$ 跳转为 $+U_z$，电路输出才翻转一次。同样，u_i 再次由负向正变化到 $-U_\Sigma$ 时，电路输出也不翻转，只有在 u_i 稍大于 U_Σ 时，u_o 由 U_z 再次变为 $-U_z$，电路输出又翻转一次。因此，电路具有滞回特性。其电压传输特性如图 1-10-3（b）所示。$-U_\Sigma$ 与 U_Σ 的差别称为回差，改变 R_2 的数值可以改变回差的大小。

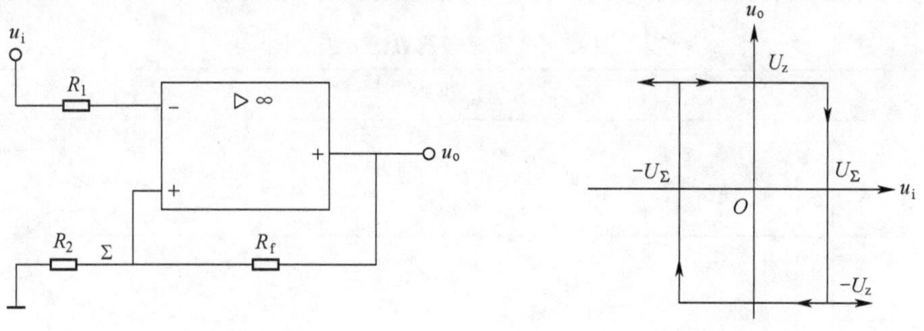

（a）电路图　　　　（b）传输特性

图 1-10-3　滞回比较器

3. 窗口（双限）比较器

简单的比较器仅能鉴别输入电压 u_i 比参考电压 U_R 高或低的情况，窗口比较电路由两个简单比较器组成，如图 1-10-4 所示，它能检测出输入电压 u_i 值是否处于 U_R^- 和 U_R^+ 两个参考电平之间。

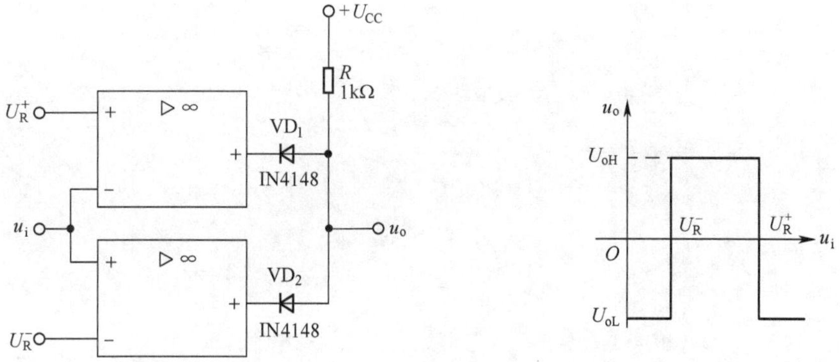

（a）电路图　　　　（b）传输特性

图 1-10-4　由两个简单比较器组成的窗口比较器

设 $U_R^- < U_R^+$ 时，如果 $U_R^- < u_i < U_R^+$，VD_1、VD_2 截止，则输出电压 u_o 为高电平 U_{OH}；如果 $u_i < U_R^-$ 或 $u_i > U_R^+$，VD_2 导通，则输出电压 u_o 为低电平 U_{OL}。

四、实训内容及步骤

过零比较器

1. 过零比较器

步骤 1： 按图 1-10-2 连接实训电路，接通±12V 电源，调零、消振。

步骤 2： 用直流电压表测量 u_i 悬空时的 u_o 值，将结果填入表 1-10-1 中。

步骤 3： 用函数信号发生器、交流毫伏表调出 500Hz、幅值为 2V 的正弦信号并将其加入

u_i，用双踪示波器观察 u_i、u_o 波形并记录，将波形绘入表 1-10-2 中。

步骤 4： 改变 u_i 幅值，测量传输特性曲线。

表 1-10-1 过零比较器 u_i 悬空时的 u_o 值

u_i 悬空时	u_o =（ ）V

表 1-10-2 过零比较器 u_i、u_o 波形图

u_i、u_o 波形
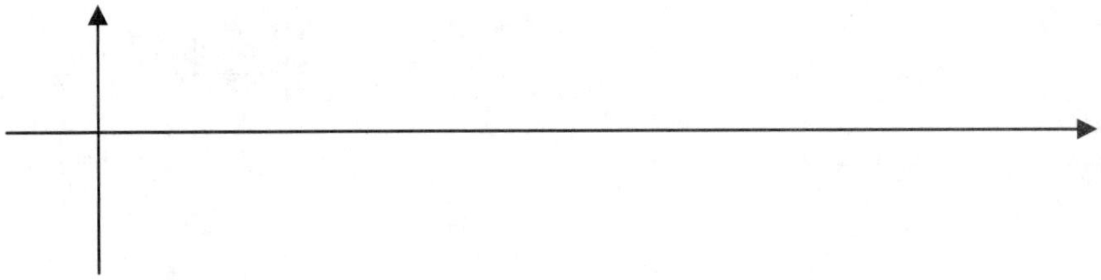

2. 反相滞回比较器

步骤 1： 按图 1-10-5 连接实训电路，接通±12V 电源，调零、消振。

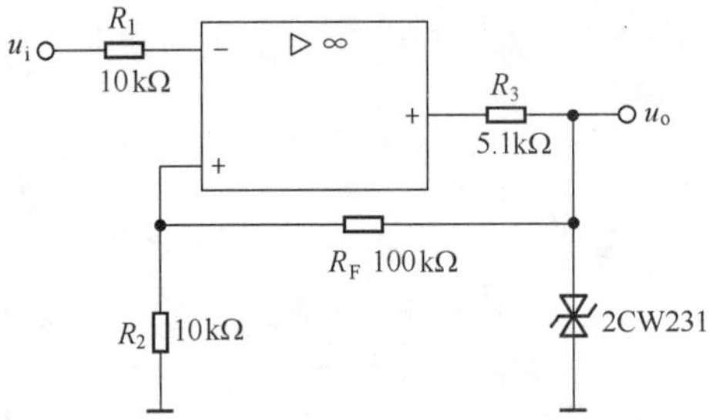

图 1-10-5 反相滞回比较器

反相滞回比较器

步骤 2： 令信号输入端 u_i 接–5V～+5V 可调直流电源，用直流电压表测出 u_i 由–4.2V 至+4.2V 时 u_o 由 $+U_{0mcx}$ 至 $-U_{0mcx}$ 发生跳变时 u_i 的上限阈值电压，将实训数据填入表 1-10-3 中。

表 1-10-3 反相滞回比较器 u_i 的上限阈值电压为（ ）

u_i/V						
u_o/V						

步骤 3： 令信号输入端 u_i 接–5V～+5V 可调直流电源，用直流电压表测出 u_i 由+4.2V 至–4.2V 时 u_o 由 $-U_{0mcx}$ 至 $+U_{0mcx}$ 发生跳变时 u_i 的下限阈值电压，将实训数据填入表 1-10-4 中。

表 1-10-4 反相滞回比较器 u_i 的下限阈值电压为（ ）

u_i/V						
u_o/V						

步骤 4： u_i 接频率为 500Hz、幅值为 2V 的正弦信号，观察并记录 u_i、u_o 波形，将波形绘

入表 1-10-5 中。

表 1-10-5　反相滞回比较器 u_i、u_o 波形图

u_i、u_o 波形

步骤 5：将分压支路上电阻 R_F 的阻值由 100kΩ 改为 200kΩ，重复上述实训，测定传输特性。

3. 同相滞回比较器

步骤 1：按图 1-10-6 连接实训电路，接通±12V 电源，调零、消振。

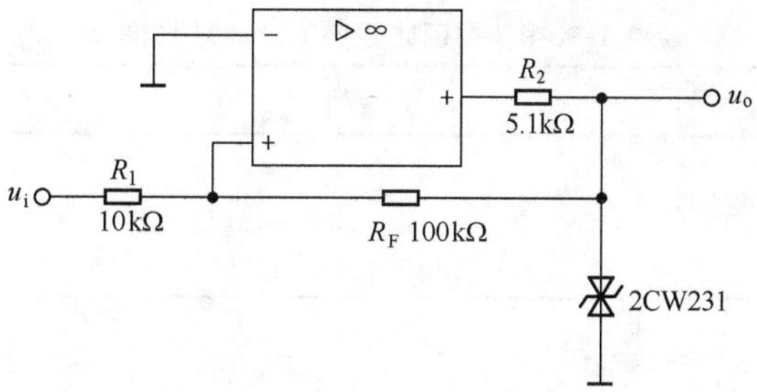

同相滞回比较器

图 1-10-6　同相滞回比较器

步骤 2：令信号输入端 u_i 接–5V～+5V 可调直流电源，用直流电压表测出 u_i 由+4.2V 至–4.2V 时 u_o 由+U_{0mcx} 至–U_{0mcx} 发生跳变时 u_i 的下限阈值电压。将实训数据填入表 1-10-6 中。

表 1-10-6　同相滞回比较器 u_i 的下限阈值电压为（　　）

u_i/V						
u_o/V						

步骤 3：令信号输入端 u_i 接–5V～+5V 可调直流电源，用直流电压表测出 u_i 由–4.2V 至+4.2V 时 u_o 由-U_{0mcx} 至+U_{0mcx} 发生跳变时 u_i 的上限阈值电压。将实训数据填入表 1-10-7 中。

表 1-10-7　同相滞回比较器 u_i 的上限阈值电压为（　　）

u_i/V						
u_o/V						

步骤 4：u_i 接频率为 500Hz、幅值为 2V 的正弦信号，观察并记录 u_i、u_o 波形，将波形绘入表 1-10-8 中。

步骤 5：将分压支路上电阻 R_F 的阻值由 100kΩ 改为 200kΩ，重复上述实训，测定传输特性。

步骤 6：将结果与反相滞回比较器相比较。

表 1-10-8 同相滞回比较器 u_i、u_o 波形图

u_i、u_o 波形
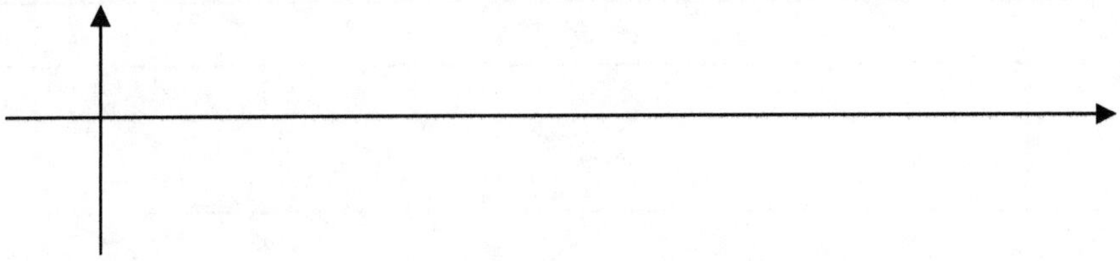

4. 窗口比较器

步骤 1： 按图 1-10-4 连接实训电路，接通±12V 电源，调零、消振。

步骤 2： 在 U_R^+ 端接入+5V 直流电压，U_R^- 端接地，调节信号发生器使之输出频率为 500Hz、幅值为 2V 的正弦信号，接入输入端 u_i。

步骤 3： 用示波器观察并记录 u_i、u_o 波形，将波形绘入表 1-10-9 中。

表 1-10-9 窗口比较器 u_i、u_o 波形图

u_i、u_o 波形
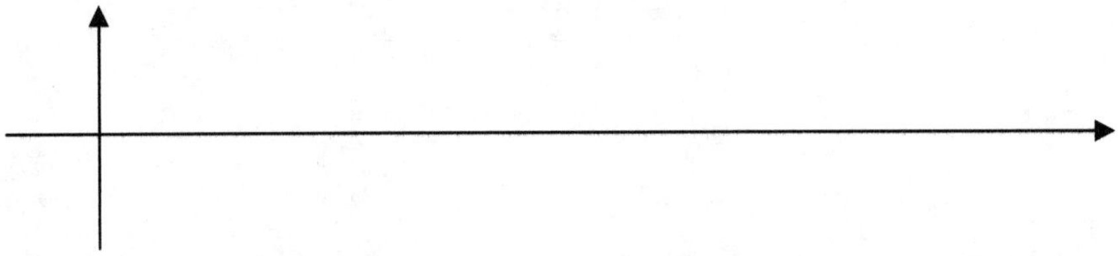

五、实训总结

1．整理实训数据和波形图，根据测试结果，画出四种电路的电压传输特性图，按格式书写实训报告。

2．分析总结三种类型比较器的结构与特性区别。

六、预习要求

1．复习常见类型电压比较器的构成及特性。

2．分析本次实训选用电路的类型及特性。

3．若要将图 1-10-4 窗口比较器的电压传输曲线高、低电平对调，应如何改动比较器电路？

实 训 报 告

班级　　　　姓名　　　　学号

实训题目：
实训目的：
实训设备：
内容过程：
实训总结：

实训十一　OTL 功率放大器

一、实训目的

（1）进一步理解 OTL 功率放大器的工作原理。
（2）学会 OTL 电路的调试及主要性能指标的测试方法。

二、实训设备及器件

（1）信号源。
（2）示波器。
（3）交流毫伏表。
（4）直流电压表、毫安表。
（5）三极管：3DG6×1（9011×1）、3CG12×1（9013×1）、3CD12×1（9012×1）。
（6）二极管：1N4007×1。

三、实训原理

功率放大电路在多级放大电路中处于最后一级，又称输出级。其主要作用是输出足够大的功率去驱动负载，如扬声器、伺服电机、指示表头、记录器等。功率放大电路要求：输出电压和输出电流的幅度都比较大；效率高。因此，三极管工作在大电压、大电流状态，管子的损耗功率大，发热严重，必须选用大功率三极管，且要加装符合规定要求的散热装置。

为降低三极管静态管耗，提高效率，通常采用甲乙类工作方式，即将功率放大电路的静态工作点设置在接近横轴的放大区内。这样，对应输入信号将有半周产生失真，解决的办法是用两只三极管分别对半个周期的输入信号进行放大。

图 1-11-1 所示为 OTL 功率放大电路。其中 VT_1 为推动级（也称前置放大级），VT_2、VT_3 是一对参数对称的 NPN 型和 PNP 型晶体三极管，它们组成互补推挽 OTL 功放电路。由于每一个管子都接成射极输出器形式，因此具有输出电阻低、负载能力强等优点，适合于做功率输出级。VT_1 工作于甲状态，它的集电极电流 I_{C1} 由电位器 R_{P1} 进行调节。I_{C1} 的一部分流经电位器 R_{P2} 和 D，给 VT_2、VT_3 提供偏压。调节 R_{P2}，可以使 VT_2、VT_3 得到合适的静态工作电流而工作于甲乙类状态，以克服交越失真。静态时要求输出端中点 A 的电位 $V_A=U_{CC}/2$，可以通过调节 R_{P1} 来实现，由于 R_{P1} 的一端接在 A 点，因此在电路中引入交、直流电压并联负反馈，一方面能够稳定放大器的静态工作点，同时也改善了非线性失真。

当输入正弦交流信号 u_i 时，经 VT_1 放大、倒相后同时作用于 VT_2、VT_3 的基极，u_i 的负半周使 VT_2 管导通（VT_3 管截止），有电流通过负载 R_L，同时向电容 C_o 充电，在 u_i 的正半周，VT_3 导通（VT_2 管截止），则已充好电的电容器 C_o 起着电源的作用，通过负载 R_L 放电，在 R_L 上就得到完整的正弦波。

C_2 和 R 构成自举电路，用于提高输出电压正半周的幅度，以得到大的动态范围。

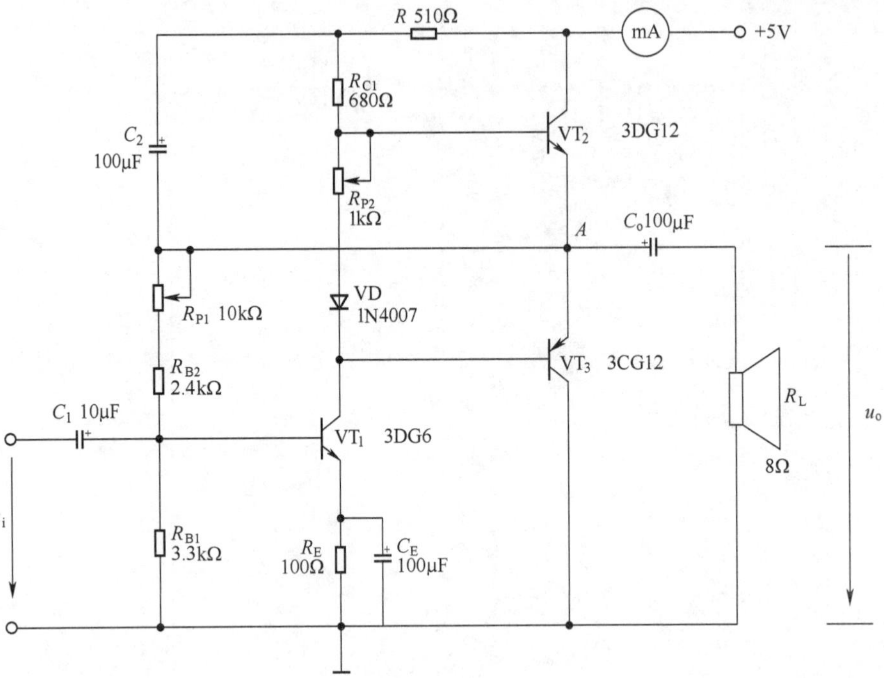

图 1-11-1 OTL 功率放大电路

OTL 电路的主要性能指标：

（1）最大不失真输出功率 P_{om}。理想情况下，$P_{om}=\frac{1}{8}\frac{U_{oc}^2}{R_L}$，在实训中可通过测量 R_L 两端的电压有效值来求得实际的 P_{om}。

$$P_{om}=\frac{U_{om}^2}{R_L}$$

（2）效率。

$$\eta=\frac{P_{om}}{P_E}\times 100\%$$

其中，P_E 为直流电源供给的平均功率。

理想情况下，η_{max}=78.5%。在实训中，可测量电源供给的平均电流 I_{dc}，从而求得 $P_E=U_{CC}\cdot I_{dc}$，负载上的交流功率已用上述方法求出，因而也就可以计算实际效率了。

（3）输入灵敏度：输入灵敏度指输出最大不失真功率时，输入信号 U_i 之值。

四、实训内容与步骤

OTL 功率放大电路

在整个测试过程中，电路不应有自激现象。

1. 静态工作点的测试

步骤 1： 按图 1-11-1 连接实训电路，R_P 置中间位置。接通+5V 电源，观察毫安表指示，同时用手触摸输出级管子，若电流过大，或管子温升显著，应立即断开电源检查原因（电路自激，或输出管性能不好等）。如无异常现象，可开始调试。

步骤 2：调节输出端中点电位 V_A：调节电位器 R_{P1}，用直流电压表测量 A 点电位，使 $U_A=\frac{1}{2}U_{CC}$。

2. 调整输出级静态电流及测试各级静态工作点

步骤：使输入 VT_2、VT_3 管的 $I_{C2}=I_{C3}=5\sim10mA$。输出级电流调好以后，测量各级静态工作点，将结果记入表 1-11-1 中。

表 1-11-1　静态工作点的测量

参数	VT_1	VT_2	VT_3
U_B/V			
U_C/V			
U_E/V			

注意：

（1）在调整 R_{P2} 时，要注意旋转方向，不要调得过大，更不能开路，以免损坏输出管。

（2）输出管静态电流调好后，如无特殊情况，不得随意旋动 R_{P2} 的位置。

3. 最大输出功率 P_{om} 和效率 η 的测试

步骤 1：测量 P_{om}：输入端接 f=1kHz 的正弦信号 u_i，输出端用示波器观察输出电压 u_o 波形。逐渐增大 u_i，使输出电压达到最大不失真输出，用交流毫伏表测出负载 R_L 上的电压 U_{om}，则 $P_{om}=\frac{U_{om}^2}{R_L}$。

步骤 2：测量效率 η：当输出电压为最大不失真输出时，读出直流毫安表中的电流值，此电流即为直流电源供给的平均电流 I_{dc}（有一定误差），由此可近似求得 $P_E=U_{CC}I_{dc}$，再根据上面测得的 P_{om}，则可求出 $\eta=\frac{P_{om}}{P_E}\times100\%$。

4. 输入灵敏度测试

步骤：测出输出功率 $P_o=P_{om}$ 时的输入电压值 u_i 即可。

5. 研究自举电路的作用

步骤 1：测量有自举电路，且 $P_o=P_{omax}$ 时的电压增益 $A_u=U_{om}/u_i$。

步骤 2：将 C_2 开路，R 短路，再测量 $P_o=P_{omax}$ 的 A_u。

步骤 3：用示波器观察两种情况下的输出电压波形，并将以上两项测量结果进行比较，分析研究自举电路的作用。

5. 噪声电压的测试

步骤：使输入端短路 u_i=0，观察输出噪声波形，并用交流毫伏表测量输出电压，即为噪声电压 U_N，本电路若 U_N<15mV，即满足要求。

6. 试听

步骤：输入信号改为录音机输出，输出端接试听音箱及示波器，开机试听，并观察语言和音乐信号的输出波形。

五、实训报告

1．自拟表格，整理实训数据，按格式书写实训报告。
2．讨论实训中发生的问题及解决办法。

六、预习要求

1．复习有关 OTL 工作原理的内容。
2．为什么引入自举电路能够扩大输出电压的动态范围？
3．为了不损坏输出管，调试中应注意什么问题？

实 训 报 告

班级　　　　　姓名　　　　　学号

实训题目：
实训目的：
实训设备：
内容过程：
实训总结：

实训十二　直流稳压电源

一、实训目的

（1）研究单相桥式整流、电容滤波电路的特性。

（2）掌握串联型晶体管稳压电源主要技术指标的测试方法。

二、实训设备与器件

（1）可调交流电源。

（2）示波器。

（3）交流毫伏表。

（4）直流电压表、毫安表。

（5）滑线变阻器。

（6）二极管、电容等。

三、实训原理

电子设备一般都需要直流电源供电。这些直流电除了少数直接利用干电池和直流发电机外，大多数是采用把交流电（市电）转变为直流电的直流稳压电源。

直流稳压电源由电源变压器、整流电路、滤波电路和稳压电路四部分组成，其原理框图如图 1-12-1 所示。电网供给的交流电压 u_1（220V，50Hz）经电源变压器降压后，得到符合电路需要的交流电压 u_1，然后由整流电路把大小、方向都变化的交流电变成单向脉动的直流电 u_3，再用滤波器滤除脉动直流电中的交流成分，使得输出波形平滑，就可得到比较平直的直流电压 u_r。但这样的直流输出电压还会随交流电网电压的波动或负载的变化而变化。在对直流供电要求较高的场合，还需要使用稳压电路，以保证输出直流电压更加稳定。

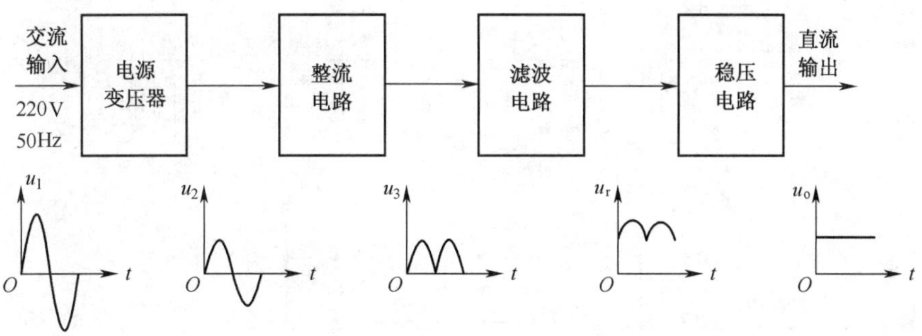

图 1-12-1　直流电源的电路构成

图 1-12-2 是由分立元件组成的串联型稳压电源的电路图。其整流部分为单相桥式整流、电容滤波电路。稳压部分为串联型稳压电路，它由调整元件（晶体管 VT_1）比较放大器 VT_3、R_1，取样电路 R_4、R_5、R_P，基准电压 R_2、VST 和过流保护电路 VT_3 管及电阻等组成。整个稳

压电路是一个具有电压串联负反馈的闭环系统，其稳压过程为：当电网电压波动或负载变动引起输出直流电压发生变化时，取样电路取出输出电压的一部分送入比较放大器，并与基准电压进行比较，产生的误差信号经 VT_2 放大后送至调整 VT_1 的基极，使调整管改变其管压降，以补偿输出电压的变化，从而达到稳定输出电压的目的。

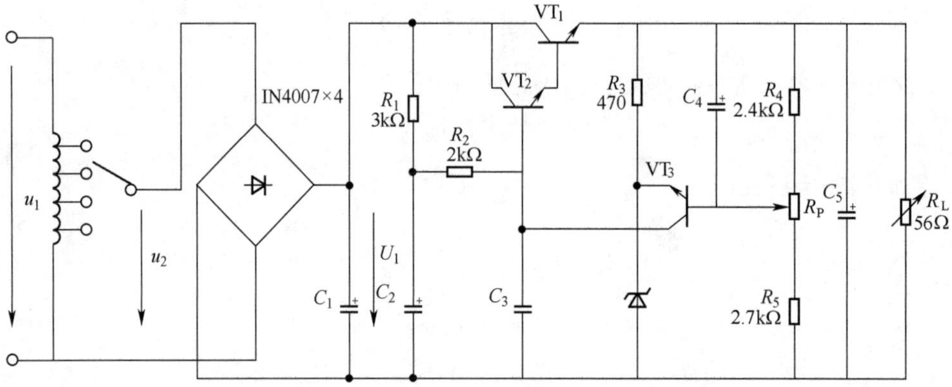

图 1-12-2 分立元件构成的串联型稳压电源的电路图

随着半导体工艺的发展，稳压电路也制成了集成器件。集成稳压器具有体积小、外接线路简单、使用方便、工作可靠和通用性强等优点，因此在各种电子设备中应用十分普遍，基本上取代了由分立元件构成的稳压电路。集成稳压器的种类很多，应根据设备对直流电源的要求来进行选择。对于大多数电子仪器、设备和电子电路来说，通常是选用串联线性集成稳压器，在这种类型的器件中，以三端式稳压器应用最为广泛。

三端式集成稳压器的输出电压是固定的（是预先调好的），在使用中不能进行调整。W78 系列三端式稳压器输出正极性电压，一般有 5V、6V、8V、12V、15V、18V、24V 七个挡次，输出电流最大可达 1.5A（加散热片）。同类型 W78M 系列稳压器的输出电流为 0.5A，W78L 系列稳压器的输出电流为 0.1A。若要求负极性输出电压，则可选用 W79 系列稳压器。图 1-12-3 所示为 W78、W79 系列的外形和管脚图。

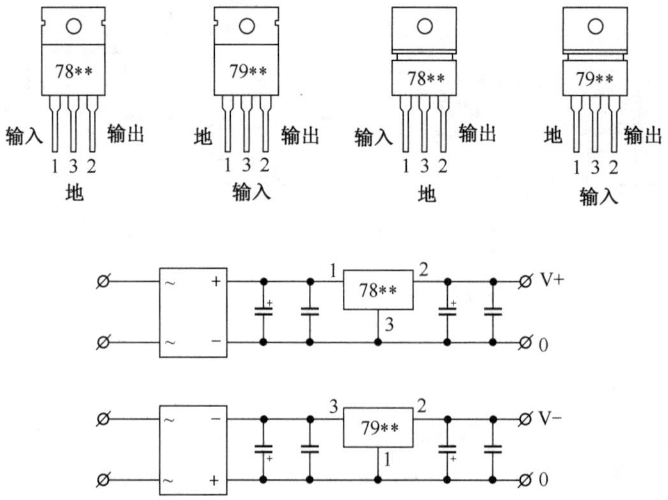

图 1-12-3 W78、W79 系列外形和管引脚图

图 1-12-4 所示是用三端式稳压器 W7809 构成的单电源电压输出串联型稳压电源的电路图。

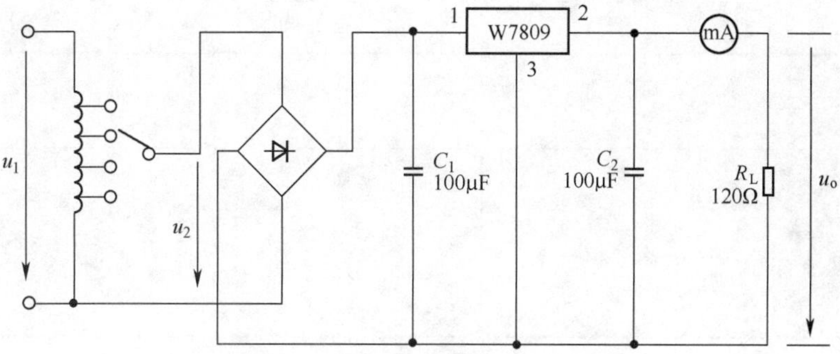

图 1-12-4　串联型稳压电源电路图

图 1-12-5 所示为正、负双电压输出电路，例如需要 U_{o1}=+18V，U_{o2}=−18V，则可选用 W7818 和 W7918 三端稳压器，这时的 U_o 应为单电压输出时的两倍。

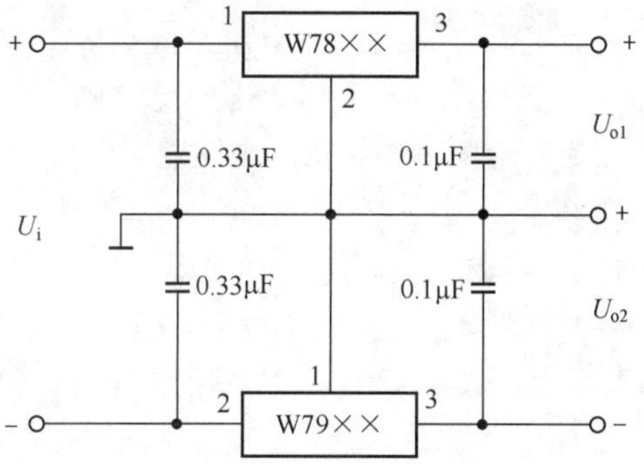

图 1-12-5　正、负双电压输出电路

四、实训内容与步骤

整流滤波电路测试

1. 整流滤波电路测试

步骤 1: 按图 1-12-6 连接实训电路。接通 220V 交流电源，调节调压器副边电压，使 u_2=9V。

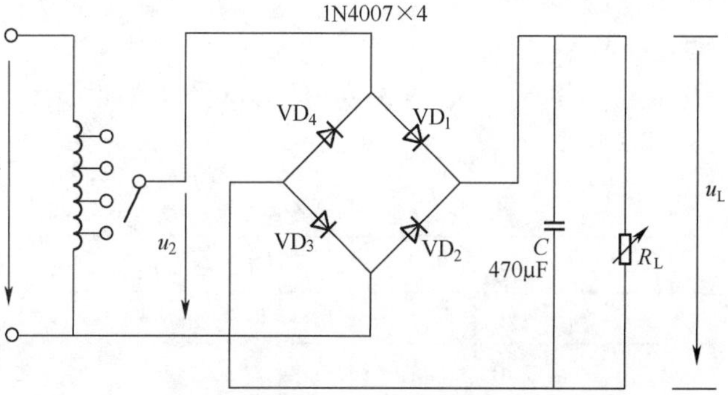

图 1-12-6　整流滤波电路

步骤 2：取 R_L=240Ω，不加滤波电容，测量直流输出电压 u_2 及纹波电压 u_L，并用示波器

观察 u_2 和 u_L 波形，将结果记入表 1-12-1 中。

表 1-12-1　整流滤波测试

电　压	u_2	u_l	u_{l1} 加电容
测量值			
波形图			

步骤 3： 加入滤波电容后，观察 u_L 的波形，将结果记入表 1-12-1 中。

注意： 每次改接电路时，必须切断电源。

2. 串联型稳压电路性能测试

步骤 1： 按图 1-12-2 连接实训电路。稳压器输出端负载开路（或使输出电流 $I_o \approx 1/2I_{omax}$）。断开保护电路，接通 220V 交流电源，输出交流电压至 u_2=18V，测量滤波电路输入电压 u_i 及输出电压 u_o。调节电位器 R_P，观察 u_o 的大小和变化情况，如果 u_o 能跟随 R_P 线性变化，说明稳压器各反馈环路工作基本正常。否则，说明稳压电路有故障，因为稳压器是一个深负反馈的闭环系统，只要环路中任一个环节出现故障（某管截止或饱和），稳压器就会失去自动调节作用。此时可分别检查基准电压 U_z，输入电压 u_i，输出电压 u_o，以及比较放大器和调整管各电极的电位（主要是 U_{BEQ} 和 U_{CEQ}）。

步骤 2： 测量各级静态工作点：取 u_2=20V，调节输出电压 u_o=11V，测量各级静态工作点，将结果记入表 1-12-2 中。

表 1-12-2　静态工作点的测量

	VT_1	VT_2	VT_3
U_B/V			
U_C/V			
U_E/V			

3. 集成稳压器性能测试

步骤 1： 按图 1-12-4 电路接线，取负载电阻 R_L=120Ω。接通电源，u_2=18V，测量输出电压 u_o，将结果记入表 1-12-3 中。

表 1-12-3　稳压性能测试

输入交流电压 u_2/V	R_L/Ω	输出电压 u_o/V	稳压性能
18	120		
18	240		
14	120		
14	240		

步骤 2：取负载电阻 R_L=240Ω，u_2=18V，测量输出电压 u_o，将结果记入表 1-12-3 中。

步骤 3：取负载电阻 R_L=120Ω，接通电源，u_2=14V，测量输出电压 u_o，将结果记入表 1-12-3 中。

步骤 4：取负载电阻 R_L=240Ω，接通电源，u_2=14V，测量输出电压 u_o，将结果记入表 1-12-3 中。

五、实训总结

1．对表 1-12-1 结果进行全面分析，总结桥式整流、电容滤波电路的特点。
2．分析实训中发生的现象和问题。
3．整理实训结果，按格式填写实训报告。

六、预习要求

复习有关稳压电源的内容。

实 训 报 告

班级　　　　姓名　　　　学号

实训题目：
实训目的：
实训设备：
内容过程：
实训总结：

第二部分　数字电子技术

实训一　TTL 集成逻辑门的逻辑功能与参数测试

一、实训目的

（1）熟悉数字逻辑电路实训仪的基本原理和使用方法。
（2）掌握 TTL 集成与非门的逻辑功能和使用规则。
（3）掌握 TTL 器件的主要参数、特性的意义及测试方法。

二、实训设备与器件

（1）数字电子技术实训装置。
（2）直流电压表、毫安表。
（3）四输入双与非门（74LS20）×1。

三、实训原理

数字电路中广泛采用集成电路。集成电路具有体积小、可靠性高、工作速度快等优点。TTL 集成与非门是数字电路中广泛使用的一种逻辑门。

1. TTL 与非门的典型电路结构

TTL 与非门的典型电路结构可分为 3 个部分，分别为输入级、中间级和输出级，如图 2-1-1 所示。

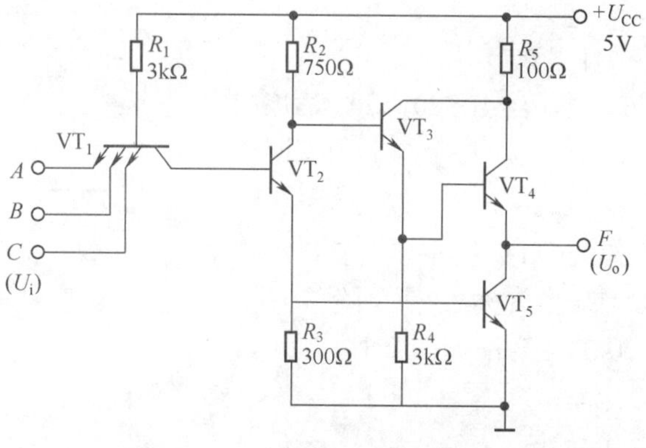

图 2-1-1　TTL 与非门的电路结构

输入级：由一个多发射极晶体管 VT_1 和电阻 R_1 组成，相当于一个与门，实现输入变量的与运算。

中间级：由晶体管 VT_2、电阻 R_2 和电阻 R_3 组成，是一个倒相器，在 VT_2 的集电极和发射极获得两个相位相反的电压信号，供输出级使用。

输出级：由晶体管 VT_3、VT_4、VT_5 和电阻 R_4、R_5 组成推拉式结构的输出电路，其作用是实现反相，并降低输出电阻，提高带负载能力。

2. TTL 与非门的工作原理

（1）如图 2-1-1 所示，当输入端全部接高电平（设为 3.6V）时，VT_1 管的所有发射结均为反向偏置，而集电结处于正向偏置。此时，电源 V_{CC} 通过 R_1 和 VT_1 的集电结向 VT_2 管提供足够的基极电流，使 VT_2 管饱和导通，VT_2 管的发射极电流在 R_3 上产生的电压降使 VT_5 管处于饱和状态，输出低电平约为 0.3V。与此同时，VT_2 管的集电极电位为：

$$U_{C2}=U_{CES2}+U_{BE5}\approx 0.3V+0.7V=1V$$

由于 $U_{B3}=U_{C2}$，此电位值使 VT_3 管导通，VT_3 管的发射极电位为：

$$U_{E3}\approx 1V-0.7V=0.3V$$

这也是 VT_4 管的基极电位，而 VT_4 管的发射极电位 $U_{E4}= U_{CES5}\approx 0.3V$，$VT_4$ 管必然截止。即输入全为高电平，输出为低电平。

（2）如图 2-1-1 所示，当输入端任意一个或几个为低电平（设为 0.3V）时，VT_1 管中接低电平的输入端的发射结正偏导通，VT_1 管的基极电位等于输入端的低电平加上发射结的导通电压，即 $U_{B1}\approx 0.3V+0.7V=1V$。因为 U_{B1} 加在 VT_1 管的集电结以及 VT_2 管和 VT_5 管的发射结，所以 VT_2 管和 VT_5 管处于截止状态。

由于 VT_2 管截止，电源 V_{CC} 经 R_2 向 VT_3 管提供基极电流使 VT_3 管导通，VT_3 管的发射极电位即 VT_4 管的基极电位为：

$$U_{E3}=V_{CC}-I_{B3}R_2-U_{BE3}$$

因 I_{B3} 很小，$I_{B3}R_2$ 可忽略不计，所以

$$U_{E3}\approx 5V-0.7V =4.3V$$

该电位值使 VT_4 管导通。输出电位为：

$$U_o= U_{E3}-U_{BE4}=4.3V-0.7V =3.6V$$

即输入端任意一个或几个为低电平，输出为高电平。综上所述，图 2-1-1 电路实现了与非逻辑关系。

3. 四输入双与非门 74LS20

本实训采用四输入双与非门 74LS20，在一片集成块内含有两个互相独立的与非门，每个与非门有四个输入端口和一个输出端口。

74LS20 内部逻辑图如图 2-1-2 所示，引脚排列图如图 2-1-3 所示，以左边的缺口为标志，逆时针数，即为管脚的顺序号。74LS20 的逻辑图如图 2-1-4 所示，逻辑表达式为 $Y=\overline{ABCD}$。

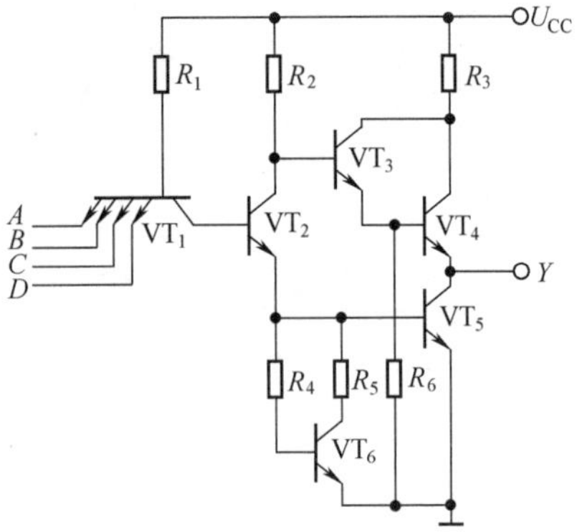

图 2-1-2 74LS20 内部逻辑图

4. TTL 与非门的逻辑功能

TTL 与非门的逻辑功能：当输入端有一个或一个以上的低电平时，输出端为高电平；只有输入端全部为高电平时，输出端才是低电平（即有“0”得“1”，全“1”得“0”）。

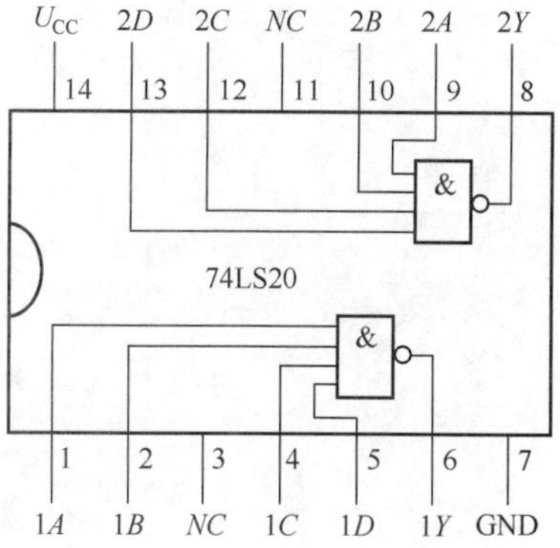

图 2-1-3　74LS20 引脚排列

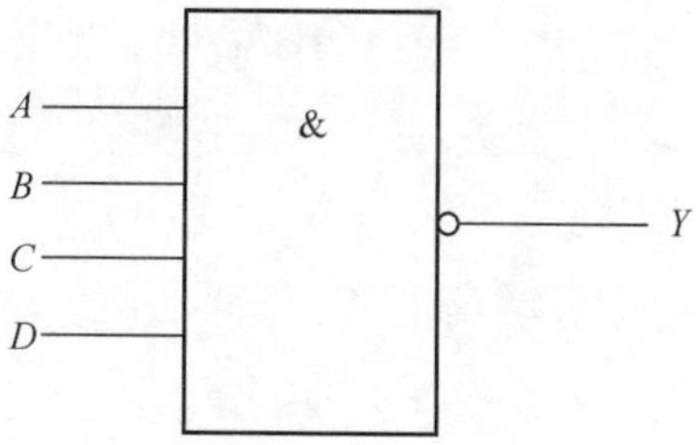

图 2-1-4　74LS20 逻辑图

进行测试时，门的输入端接数据开关，开关向上为逻辑“1”，向下为逻辑“0”。门的输出端接电平指示器（LED），发光二极管亮为逻辑“1”，不亮为逻辑“0”。基本测试方法是按真值表逐项测试，对于有四个输入端的与非门，它有 16 个最小项，按表 2-1-2 所列进行测试，判断此门的逻辑功能是否正常。

5. TTL 与非门的主要参数

（1）导通电源电流 I_{CDL} 与截止电源电流 I_{CDH}。

1）I_{CDL} 是指输出端空载，所有输入端全部悬空（与非门处于导通状态），电源提供器件的电流。

2）I_{CDH} 是指输出端空载，一个以上的输入端接地，其余输入端悬空（与非门处于截止状态），电源提供器件的电流。

通常 $I_{CDL}>I_{CDH}$，它们的大小标志着与非门在静态情况下的功耗大小。

导通功耗：$P_{CDL}=I_{CDL}U_{CC}$

截止功耗：$P_{CDH}=I_{CDH}U_{CC}$

由于 I_{CDL} 较大，一般手册中给出的功耗是指 P_{CDL}。

（2）低电平输入电流 I_{IL} 与高电平输入电流 I_{IH}。

1）I_{IL} 是指被测输入端接地，其余输入端悬空，由被测输入端流出的电流。

2）I_{IH} 是指被测输入端接高电平，其余输入端接地，输出端空载，流入被测输入端的电流。

在多级门电路中 I_{IL} 相当于前级门输出低电平时，后级向前级门灌入的电流，因而它的大小关系到前级门的灌电流负载能力，因此希望 I_{IL} 小些。I_{IH} 相当于前级门输出高电平时，前级门的拉电流负载，其大小关系到前级门的拉电流负载能力，希望 I_{IH} 小。由于 I_{IH} 较小，难以测量，所以一般免于测试此项内容。

（3）输入开门电平 U_{ON} 和关门电平 U_{OFF}。

1）U_{ON} 是指与非门输出端接额定负载时，使输出处于低电平状态时所允许的最小输入电压。换句话说，为了使与非门处于导通状态，输入电平必须大于 U_{ON}。

2）U_{OFF} 是指使与非门输出处于高电平状态所允许的最大输入电压。

TTL 与非门电路的电压传输特性表示输入电压逐渐升到高电平时，输出电压的变化。在 TTL 与非门的电压传输特性中，U_{ON} 和 U_{OFF} 两个数值越接近同一数值（阈值电平 U_T），则说明与非门电路的特性曲线转换越陡，抗干扰能力越强。

（4）输出高电平 U_{OH} 和输出低电平 U_{OL}。

1）U_{OH} 是指与非门一个以上的输入端接低电平或接地时，输出电压的大小。

2）U_{OL} 是指与非门的所有输入端均接高电平时，输出电压的大小。

（5）扇出系数 N_O。N_O 是表示输出端负载能力的一项参数，它表示驱动同类型门电路的数目。低电平扇出系数 N_{OL} 的测试电路如图 2-1-11 所示，输出端接灌电流负载，调节 R_P 使 I_{OL} 增大，U_{OL} 随之增高，U_{OL} 达到 U_{OLM}（0.4V）时的 I_{OL} 就是允许灌入的最大负载电流 I_{OLM}，则 $N_{OL}=\dfrac{I_{OLM}}{I_{IL}}$。

N_{OL} 的大小主要受输出低电平时输出端允许灌入的最大负载电流 I_{OLM} 限制。如灌入的负载电流超出该值，输出低电平将显著升高，以致造成下级门电路的误动作。

高电平扇出系数 N_{OH}：通常 $I_{IH} \ll I_{IL}$，所以 $N_{OH} \gg N_{OL}$，固常以 N_{OL} 作为门的扇出系数。

（6）平均传输延迟时间 t_{pd}。t_{pd} 是衡量门电路开关速度的参数。

如图 2-1-5 所示，若导通延时 t_{pdL} 为输出波形下降边沿的 50%相对于输入波形上升边沿的 50%之间的时间间隔，而截止延时 t_{pdH} 为输出波形上升边沿的 50%相对于输入波形下降边沿的 50%之间的时间间隔，平均延时就是 $t_{pdH}=\frac{1}{2}(t_{pdL}+t_{pdH})$。TTL 电路的 t_{pd} 一般在 10ns 到 40ns 之间。

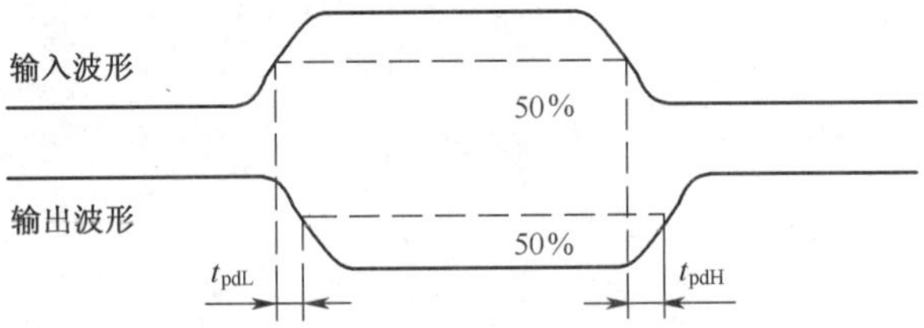

图 2-1-5 平均延迟时间特性

74LS20 主要参数规范见表 2-1-1。

表 2-1-1 74LS20 主要参数规范

参数名称和符号			规范值	单位	测试条件
直流参数	导通电源电流	I_{CDL}	≤14	mA	U_{CC}=5.5V，输入端悬空，输出端空载
	截止电源电流	I_{CDH}	≤7	mA	U_{CC}=5.5V，输入端接地，输出端空载
	低电平输入电流	I_{IL}	≤1.6	mA	U_{CC}=5.5V，被测输入端接地，其他输入端悬空，输出端空载
	高电平输入电流	I_{IH}	≤50	μA	U_{CC}=5.5V，被测输入端 U_{in}=2.4V，其他输入端接地，输出端空载
			≤1	mA	U_{CC}=5.5V，被测输入端 U_{in}=5.5V，其他输入端接地，输出端空载

续表

参数名称和符号			规范值		单位	测试条件
直流参数	输出高电平	U_{OH}	≤2.4		V	U_{CC}=4.5V，被测输入端 U_{in}=0.8V，其他输入端悬空，I_{OH}=400μA
	输出低电平	U_{OL}	≤0.4		V	U_{CC}=4.5V，输入端 U_{in}=2.0V。I_{OL}=12.8mA
	扇出系数	N_O	≥8			同 V_{OH} 和 V_{OL}
交流参数	平均传输延迟时间	t_{pd}	≤40	≤20	ns	U_{CC}=5.0V，被测输入端输入信号：U_m=3V、f=2MHz、$t_r t_f$=10～15ns、t_w=0.25μs；其他输入端接2.4V。R_L=300Ω、C_L=21pF、BG 为 3DK3B（*BC* 短接）

6. TTL 集成电路使用注意事项（以 TTL 与非门为例）

（1）接插集成块时，要认清定位标记，不得插反。

（2）电源电压使用范围为+4.5V～+5.5V，实训中要求使用 U_{CC}=+5V。电源绝对不允许接错。

（3）闲置输入端处理方法：①悬空，相当于正逻辑“1”，对一般小规模电路的输入端，实训时允许悬空处理，但是输入端悬空，易受外界干扰，破坏电路逻辑功能，对于中规模以上电路或较复杂的电路，不允许悬空；②直接接入 U_{CC}，或串入适当阻值电阻（1～10kΩ）接入 U_{CC}；③若前级驱动能力允许，可以与有用的输入端并联使用。

（4）输出端不允许直接接“+5V”电源或直接“接地”，否则将导致器件损坏。

（5）除集电极开路输出器件和三态输出器件外，不允许几个 TTL 器件输出端并联使用。否则，不仅会使电路逻辑功能混乱，还会导致器件损坏。

四、实训内容与步骤

实训前仔细检查集成块的标志和在实训台上的位置，特别是电源极性不得接错。

1. 验证 TTL 集成与非门 74LS20 的逻辑功能

取任意一个与非门按图 2-1-6 连接实训电路。

74LS20 逻辑功能测试

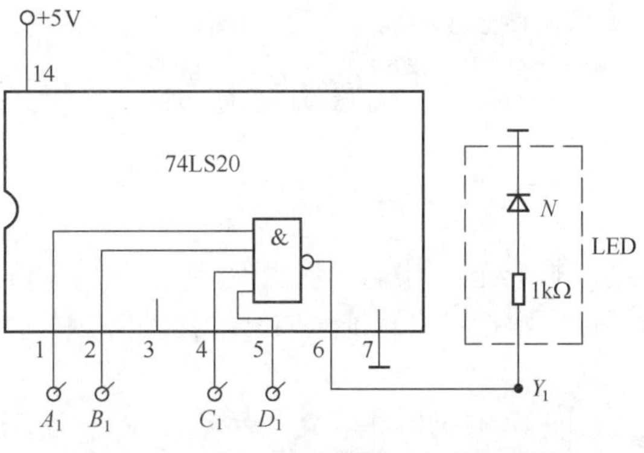

图 2-1-6　74LS20 的逻辑功能实训电路

步骤 1： 1、2、4、5 引脚为输入端口 A_1、B_1、C_1、D_1，分别连接输入数据开关 K_1、K_2、K_3、K_4 端口。

步骤 2： 6 引脚为输出端 Y，连接发光二极管 Y_1 端口（可任选）。

步骤 3： 14 引脚接“+5V”端口，7 引脚接 GND 端口。

步骤 4： 打开电源开关，改变输入端 A、B、C、D 逻辑电平从 1111 至 0000，观察输出端电平指标器（LED），将测试结果记入表 2-1-2 中。

表 2-1-2 TTL 与非门测试表

输入				输出
D	*C*	*B*	*A*	*Y*
1	1	1	1	
1	1	1	0	
0	0	0	0	

步骤 5： 换另一个门测试，图 2-1-3 所示为引脚图，将输入引脚依次改选 9、10、12、13 端口，输出引脚改选 8 端口，其他操作重复步骤 1 至步骤 4，观察新数据与上一组数据之间的关系。

2. 74LS20 主要参数的测试

（1）测量导通电源电流 I_{CDL}。

1.测量导通电源电流 I_{CDL}

步骤： 按图 2-1-7 接线，即 14 引脚串联电流表后接“+5V”端口，7 引脚接 GND 端口，接通电源读取数据，将测试结果记入表 2-1-3 中。

（2）测量截止电源电流 I_{CDH}。

2.测量截止电源电流 I_{CDH}

步骤： 按图 2-1-8 接线，即 14 引脚串联电流表后接“+5V”端口，此时应将与非门的两个输入引脚 4、5 接 GND 端口，7 引脚接 GND 端口，接通电源读取数据，将测试结果记入表 2-1-3 中。

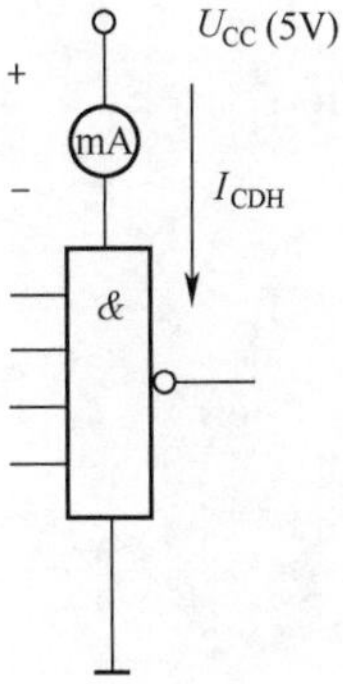

图 2-1-7　I_{CDL} 测试电路

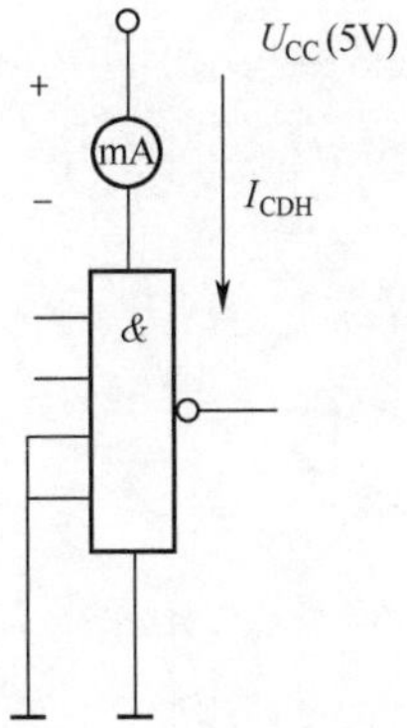

图 2-1-8　I_{CDH} 测试电路

3.测量低电平输入电流 I_{IL}

（3）测量低电平输入电流 I_{IL}。

步骤：按图 2-1-9 接线，即 14 引脚接“+5V”端口，5 引脚串联电流表后接 7 引脚，最后接 GND 端口，接通电源读取数据，将测试结果记入表 2-1-3 中。

（4）测量低电平输入电流 I_{IH}。

步骤：按图 2-1-10 接线，即 14 引脚接“+5V”端口，1 引脚串联电流表后接“+5V”端口，2、4、5 引脚接 GND 端口，最后 7 引脚接 GND 端口，接通电源读取数据，将测试结果记入表 2-1-3 中。

4.测量高电平输入电流 I_{IH}

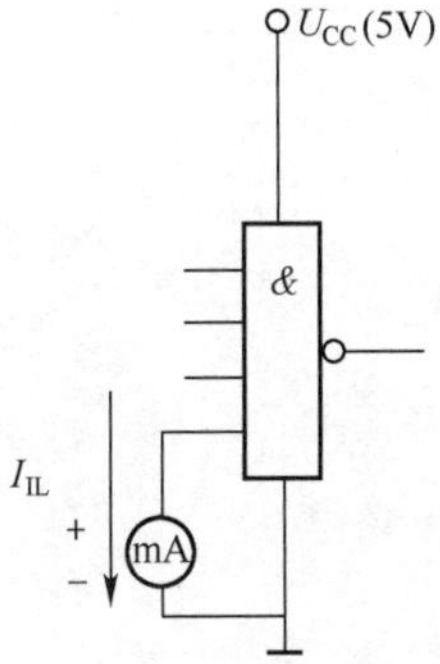

图 2-1-9　I_{IL} 测试电路

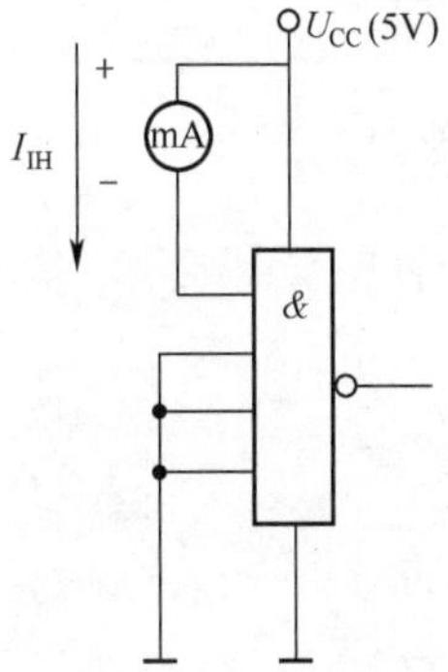

图 2-1-10　I_{IH} 测试电路

表 2-1-3　74LS20 主要参数的测试表

I_{CDL}/mA	I_{CDH}/mA	I_{IL}/μA	I_{IH}/mA	$N_{OL}=\dfrac{I_{OLM}}{I_{IL}}$

（5）求扇出系数 N_O。

步骤：所有输入端悬空，负载 R_P 为可变电阻，按图 2-1-11 接线，调节 R_P，使电压表读数为 0.4V，即 U_{OL}=0.4V；此时读取电流表读数，即测出 I_{OL}，再按公式 $N_{OL}=\dfrac{I_{OLM}}{I_{IL}}$ 求得 N_O，将结果记入表 2-1-3 中。

（6）电压传输特性。

步骤：测试电路按图 2-1-12 所示连接。通过调节电位器 R_P 使 U_i 从 0 向高电平变化，按表 2-1-4 参数逐点测量 U_i 和 U_o 的对应值。将测试结果列表记录，并根据实测数据，做出电压传输特性曲线。

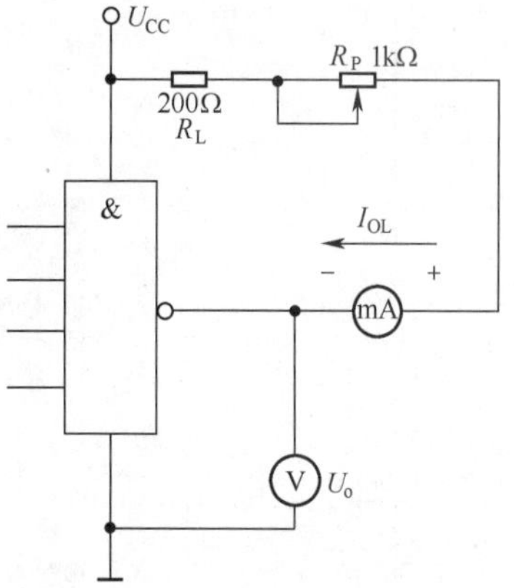

图 2-1-11　N_O 测量电路

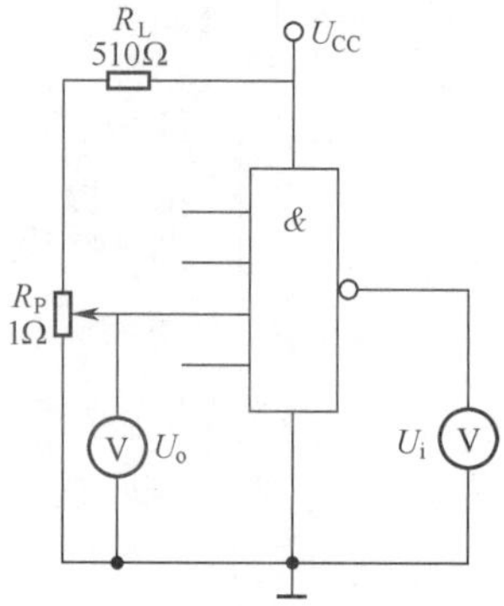

图 2-1-12　电压传输特性电路

表 2-1-4　与非门电压传输特性测试表

U_i/V	0	0.4	1.0	1.1	1.2	1.3	1.35	1.4	1.5	2.0	2.4	3.0
U_o/V												

五、实训总结

1．记录、整理实训结果，按格式填写实训报告。
2．把测得的 74LS20 与非门各参数值与它的规范值进行比较。

六、预习要求

1．复习 TTL 与非门有关内容。
2．阅读 TTL 电路使用规则。
3．TTL 与非门闲置输入端如何处理？

实 训 报 告

班级　　　　姓名　　　　学号

实训题目：
实训目的：
实训设备：
内容过程：
实训总结：

实训二　CMOS 集成逻辑门的逻辑功能与参数测试

一、实训目的

（1）掌握 CMOS 集成门电路的逻辑功能和使用规则。
（2）掌握 CMOS 器件主要参数、特性的意义及测试方法。

二、实训设备与器件

（1）数字电子技术实训装置。
（2）万用表。
（3）四 2 输入与非门（CD4011）×1。

三、实训原理

1．CMOS 集成门电路基本知识

CMOS 为英文 Complementary Metal Oxide Semiconductor 的缩写，译为互补—金属—氧化物—半导体存储器。

MOS 集成逻辑门是由 MOS 场效应晶体管组成的数字集成电路。场效应晶体管是电压控制型器件，与双极型晶体管相比具有许多优点。MOS 集成电路是将 N 沟道 MOS 晶体管和 P 沟道 MOS 晶体管同时用于一个集成电路中，成为组合两种沟道 MOS 管性能的更优良的集成电路。

CMOS 集成电路的主要优点：

（1）功耗低，其静态工作电流在 10^{-9}A 数量级，是目前所有数字集成电路中最低的，而 TTL 器件的功耗则大得多。

（2）高输入阻抗，通常大于 1010Ω，远高于 TTL 器件的输入阻抗。

（3）接近理想的传输特性，输出高电平可达电源电压的 99.9%以上，输出低电平可达电源电压的 0.1%以下，因此输出逻辑电平的摆幅很大，噪声容限很高。

（4）电源电压范围广，可在+3V～+18V 范围内正常运行。

（5）由于有很高的输入阻抗，要求驱动电流很小，约 0.1μA，输出电流在+5V 电源下约为 500μA，远小于 TTL 电路，如以此电流来驱动同类门电路，其扇出系数将非常大。在一般低频率时，无须考虑扇出系数，但在高频时，后级门的输入电容将成为主要负载，使其扇出能力下降，所以在较高频率工作时，CMOS 电路的扇出系数一般取 10～20。

2．COMS 与非门（四 2 输入与非门 CD4011）

本实训所用 CMOS 与非门型号为 CD4011，是 2 输入端四与非门。由 2 个串联的 N 沟道和 2 个并联的 P 沟道增强型 MOS 场效应晶体管构成。内部逻辑如图 2-2-1 所示，内部引脚排列如图 2-2-2 所示。其中 T_1 和 T_4 两个栅极相连构成又一互补电路，两个互补电路的输入端为与非门的 2 个输入端。

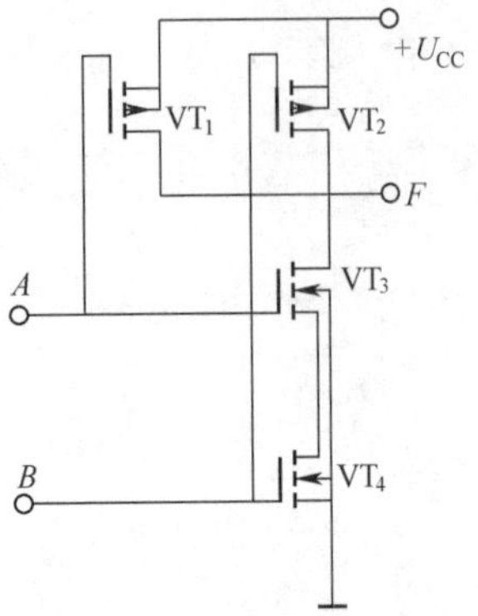

图 2-2-1 CD4011 内部逻辑图

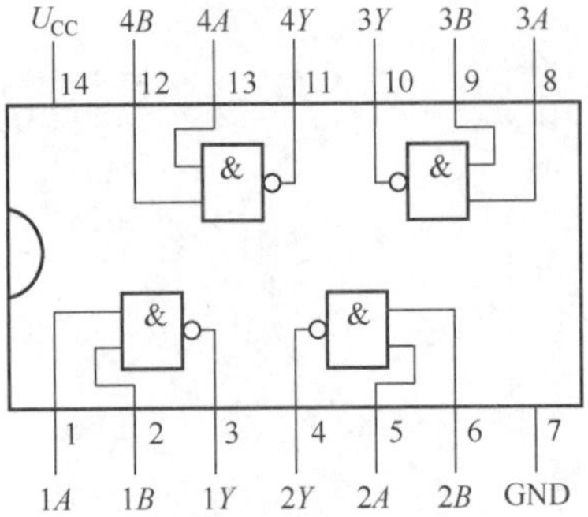

图 2-2-2 CD4011 引脚排列图

3. CMOS 与非门的逻辑功能

尽管 CMOS 与非门内部电路结构与 TTL 与非门不同，但它们的逻辑功能是完全一样的。

当 A、B 同时为高电平 1 时，VT_4、VT_3 均导通，VT_1、VT_2 均截止，输出 F 为低电平 0，即“全 1 出 0”。

当 A、B 有一个或两个为低电平 0 时，VT_4、VT_3 中有一个或两个的截止，VT_1、VT_3 中有一个或两个均导通，输出 F 为高电平 1，即“有 0 出 1”。

4. CMOS 与非门的主要参数

CMOS 与非门主要参数的定义及测试方法与 TTL 与非门电路相仿。

（1）静态功耗 P_D。

导通功耗 $P_{DL}=I_{CDL}U_{CC}$

截止功耗 $P_{DH}=I_{CDH}U_{CC}$

CMOS 电路的静态功耗非常低，一般为微瓦数量级。

（2）输出高、低电压 U_{OH} 和 U_{OL}。输出高、低电平通常是在输出端不带任何负载的情况下测量的。当输入端全部接高电平时，测得的输出电平就是输出低电平 U_{OL}（≈0V）；当输入端有一个为低电平时，测得的输出电平就是输出高电平 U_{OH}（≈U_{CC}）。

（3）拉电流和灌电流负载能力。电路的输入端接低电平，输出端接拉电流负载 R_L，如图 2-2-3 所示。调节 R_L，当 U_{OH} 下降到 10V 时所对应的负载电流即为允许的拉电流 I_{OH}。R_o=1kΩ 是采样电阻，只要测出 R_o 上的电压 U_{RO}，即可求得：$I_{OH}=U_{RO}/R_o$。

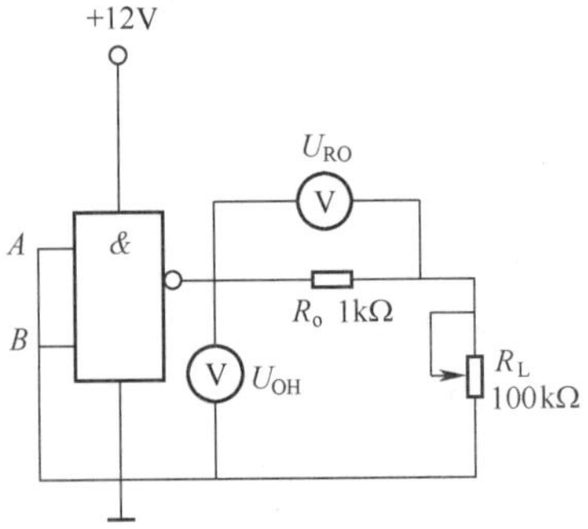

图 2-2-3 拉电流测试电路图

电路的输入端接高电平，输出端接灌电流负载 R_L，如图 2-2-4 所示。调节 R_L，当 U_{OL} 上升到 0.5V 时所对应的负载电流即为 I_{OL}，此时，$I_{OL}=I_{OH}=U_{RO}/R_o$。

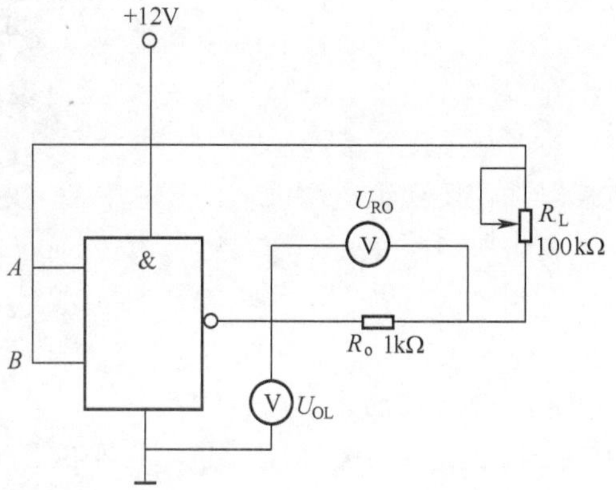

图 2-2-4　灌电流测试电路图

CMOS 四 2 输入与非门 CD4011 的主要参数见表 2-2-1。

表 2-2-1　CMOS 四 2 输入与非门 CD4011 的主要参数（U_{CC}=10V）

参数	符号	规范值	单位
静态电源电流	I_D 四个门	5	μA
输出驱动能力	N_O 驱动 TTL 门的个数	10	个
输出高电平	U_{OH}	9.5	V
输出低电平	U_{OL}	0.1	V
输出延迟时间	t_{pd}	300～150	ns
输入电容	C_I	5	pF

（4）驱动能力。CMOS 电路具有极高的输入阻抗。虽然电路输入端内部接有保护网络，但在正常工作条件下，等效输入电阻仍大于 $10^8\Omega$，要求的驱动电流 $I_I\approx0.1\mu A$。

电路的输入电流值比 TTL 电路的小得多，在+5V 电源电压下，输出电流约为 500μA。如果以这个电流来驱动同类门电路，其扇出系数将非常大。因此，一般在工作频率较低时，根本不需要考虑该项参数。随着工作频率提高，后级门的输入电容将成为主要负载，使其扇出能力受到限制。在较高频率工作时，CMOS 电路的扇出系数一般取 10～20。

5. CMOS 电路使用注意事项

（1）U_{CC} 接电源正极，U_{SS} 接电源负极（通常接地），电源绝对不容许反接。

（2）电源电压使用范围+3V～+18V，实训中一般要求使用+12V 或+5V 电源。工作在不同电源电压下的器件，其输出阻抗、工作速度和功耗等参数也会不同，在设计、使用中应引起注意。

（3）器件输入信号 U_i，要求 $U_{SS}<U_i<U_{CC}$。

（4）闲置输入端一律不准悬空，输入端悬空，不仅会造成逻辑混乱，而且容易损坏器件。

闲置输入端的处理方法：

1）按照逻辑要求，直接接 U_{CC} 或 U_{SS}。

2）工作速度不高的电路中，允许与有用输入端并联使用。

（5）输出端不允许直接与 U_{CC} 或 U_{SS} 连接，否则将导致器件损坏。

（6）除三态器件外，一般不允许几个器件输出端并接使用。为了增加驱动能力，允许把同一芯片上的电路并联使用，此时器件的输入端与输出端均对应相连。

（7）电烙铁和测试仪器外壳必须良好接地。

（8）若信号源与 CMOS 器件使用两组电源供电，应先开 CMOS 电源，并最后关闭 CMOS 电源。

四、实训内容与步骤

CD4011 逻辑功能测试

1. 验证 CMOS 集成与非门 CD4011 的逻辑功能

验证四 2 输入与非门 CD4011 的逻辑功能（可以取器件中的任一门进行测试）。芯片的引脚排列如图 2-2-2 所示。

步骤 1： 选好某一个 14P 集成块插座，插入被测器件，1、2 引脚为输入端口 A_1、B_1，分别连接开关 K_1、K_2；其输入端（设为 A、B）接逻辑开关（开关向上为“1”，向下为“0”）。

步骤 2： 3 引脚为输出端 Y，接 LED 发光二极管 Y_1 端口（可任选）（LED 亮则输出高电平“1”，灭为“0”）。

步骤 3： 14 引脚接“+5V”端口，7 引脚接 GND 端口。

步骤 4： 打开电源开关，改变输入端 A_1、B_4 逻辑电平从 00 至 11，观察输出端电平指标器（LED），将测试结果记入表 2-2-2 中。

表 2-2-2　CMOS 与非门测试表

CD4011		
输入		输出
A	B	Y
0	0	
0	1	
1	0	
1	1	

步骤 5： 换另一个门测试。如图 2-2-2 所示引脚图，将输入引脚依次改选 5、6 端口，输出引脚改选 4 端口，其他操作重复上述步骤 1 至步骤 4，观察新数据与上一组数据之间的关系。

2. CMOS 四 2 输入与非门 CD4011 的参数测试

方法与 TTL 电路相同，测试电路可参考 TTL 参数测试实训。但应当注意：CMOS 所有输入端一律不准悬空。与非门闲置输入端直接接电源电压 U_{CC}，将测试结果填入表 2-2-3 中。

表 2-2-3　CC4011 主要参数测试结果

I_{CDL}/mA	I_{CDH}/mA	U_{OH}/V	U_{OL}/V	I_{OH}/μA	I_{OL}/μA	P_{DL}（计算）	P_{DH}（计算）

（1）测试 CD4011 的主要参数。

步骤 1： 测量整个器件输出低电平电源电流 I_{CDL}，测试时，将 CD4011 四个门的所有输入端接电源电压 U_{CC}，输出端空载，测得电源提供给器件的总电流，如图 2-2-5 所示，求每个门则除以 4。

步骤 2： 测量整个器件输出高电平电源电流 I_{CDH}，测试时，最好将 CD4011 四个门的所有输入端接地，输出端空载时，测得电源提供给器件的总电流，如图 2-2-6 所示，求每个门则除以 4。

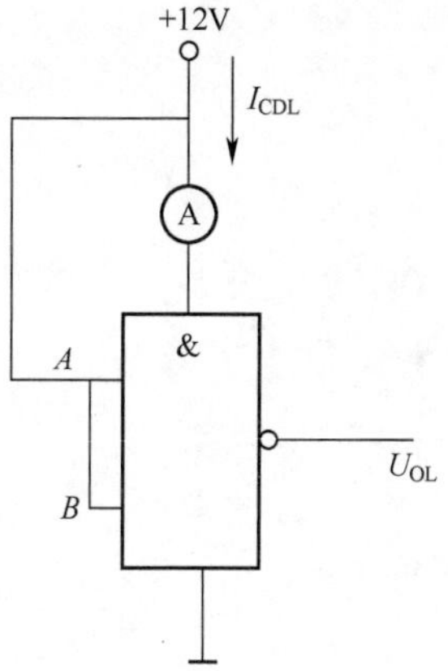

图 2-2-5　测量 I_{CDL} 电路图

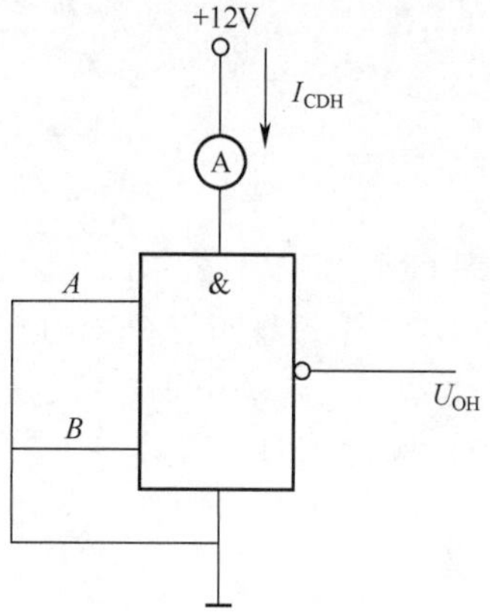

图 2-2-6　测量 I_{CDH} 电路图

步骤 3： 测量输出高电平 U_{OH}、输出低电平 U_{OL}，当输入端全部接高电平时，测得的输出电平就是输出低电平 U_{OL}（≈0V），当输入端有一个为低电平时，测得的输出电平就是输出高电平 U_{OH}（$\approx U_{CC}$）。

步骤 4： 测量拉电流 I_{OH}、灌电流 I_{OL}，接线如图 2-2-3 和图 2-2-4 所示。

（2）测试 CD4011 其中一个门的电压传输特性。

步骤： 按图 2-2-7 所示连接电路，一个输入端接信号输入，另一个输入端必须接逻辑高电平 U_{CC}，采用逐点测试法，调节电位器，按表 2-2-4 测数据，然后绘制电压传输特性曲线。表中的 U_i 值仅作参考，测量时根据实际情况灵活变动，将记录数据填入表 2-2-4 中。

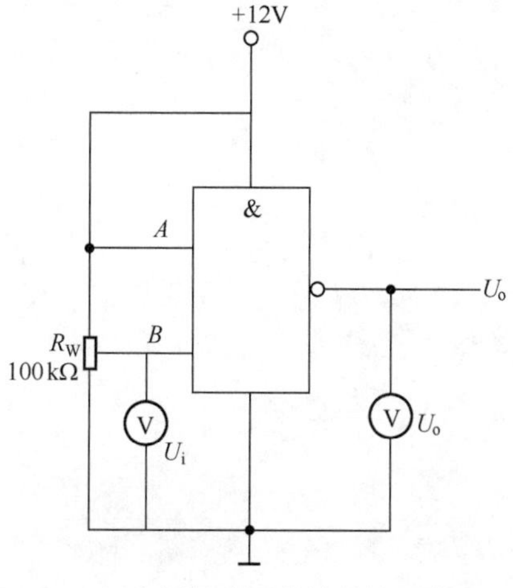

图 2-2-7　逐点测量电压传输特性的实训电路

表 2-2-4　CD4011 电压传输特性

U_i/V	0.0	0.2	0.6	0.8	1.0	1.1	1.2	1.3	1.4	1.5	1.6	1.8	2.0	2.5	3.0
U_o/V															

五、实训总结

1．整理实训结果，对结果进行分析，并画出电压传输特性曲线。

2．记录、整理实训结果，按格式填写实训报告。

3．写出本次实训心得。

六、预习要求

1．复习 CMOS 门电路的工作原理。

2．了解四 2 输入与非门 CD4011、四 2 输入或门 CD4071、四 2 输入与门 CD4082 及四异或门 CD4030 等门电路的引脚功能。

3．各种 CMOS 门电路闲置输入端应如何处理？

实 训 报 告

班级　　　　　　姓名　　　　　　学号

实训题目：
实训目的：
实训设备：
内容过程：
实训总结：

实训三　TTL 集电极开路门与三态输出门的应用

一、实训目的

（1）掌握 TTL 集电极开路门（OC 门）的逻辑功能及应用。
（2）了解集电极负载电阻 R_L 对集电极开路门的影响。
（3）掌握 TTL 三态输出门（3S 门）的逻辑功能及应用。

二、实训设备与器件

（1）数字电子技术实训装置。
（2）示波器。
（3）直流电压表。
（4）双输入四 OC 与非门（74LS03）×1。
（5）双输入四三态非门（4LS125）×1。
（6）六非门（74LS04）×1。

三、实训原理

数字系统中有时需要把两个或两个以上集成逻辑门的输出端直接并联在一起，完成一定的逻辑功能。普通的 TTL 门电路，由于输出级采用了推拉式输出电路，无论输出是高电平还是低电平，输出阻抗都很低。因此，通常不允许将它们的输出端并接在一起使用。

集电极开路门和三态输出门是两种特殊的 TTL 门电路，它们允许把输出端直接并联在一起使用。要注意：开路门不是以逻辑运算功能分类的，只是电路的输出结构不同。

1. TTL 集电极开路门（OC 门）

本实训所用 OC 与非门型号为 2 输入四与非门 74LS03，内部逻辑图如图 2-3-1 所示，芯片引脚排列如图 2-3-2 所示。OC 与非门的输出管 VT_3 是悬空的，工作时输出端必须通过一只外接电阻 R_L 和电源 U_{CC} 相连接，以保证输出电压符合电路要求。

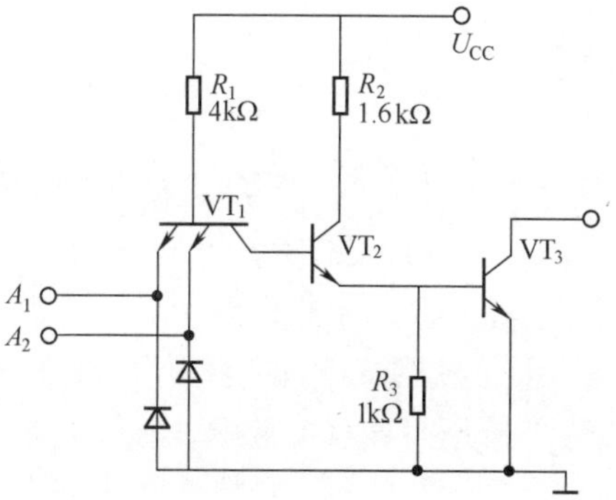

图 2-3-1　74LS03 内部逻辑图

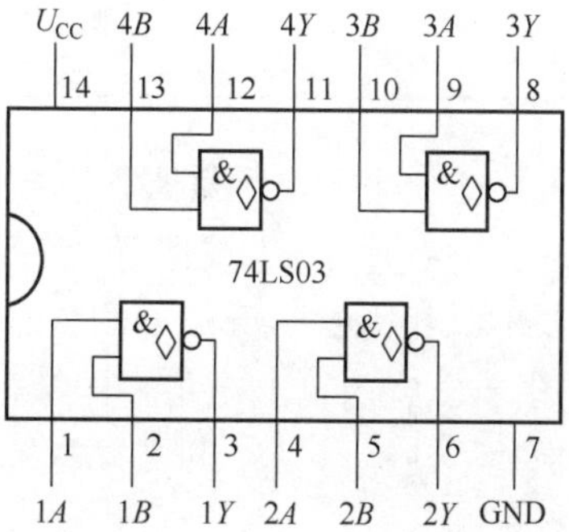

图 2-3-2　74LS03 芯片引脚排列图

OC 门的应用主要有下述三个方面：

（1）利用电路的“线与”特性方便地完成某些特定的逻辑功能。

（2）实现多路信息采集，使两路以上的信息共用一个传输通道（总线）。

（3）实现逻辑电平的转换。

2. TTL 三态输出门（3S 门）

TTL 三态输出门是一种特殊的门电路。与普通的 TTL 门电路结构不同，它的输出端除了通常的高电平、低电平两种状态外（这两种状态均为低阻状态），还有第三种输出状态——高阻状态。处于高阻状态时，电路与负载之间相当于开路。图 2-3-3 是三态输出四总线缓冲器的逻辑符号，它有一个控制端（又称禁止端或使能端）E，E=0 为正常工作状态，实现 Y=A 的逻辑功能；$\overline{E}$=1 为禁止状态，输出 Y 呈现高阻状态。这种在控制端加低电平时电路才能正常工作的工作方式称为低电平使能。

三态输出门接逻辑功能及控制方式有各种不同类型，在实训中所用三态门的型号是 74LS125（三态输出四总线缓冲器），芯片引脚排列如图 2-3-4 所示，其功能表见表 2-3-1。

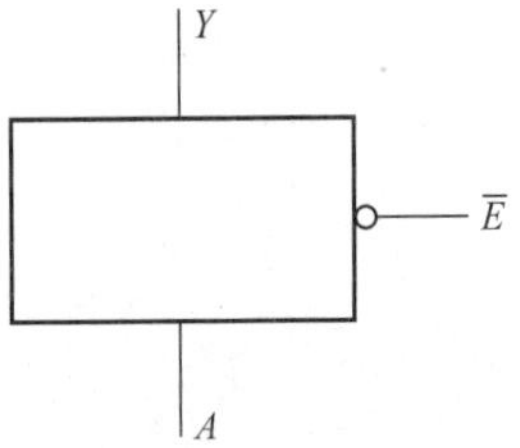

图 2-3-3　三态输出四总线缓冲器的逻辑符号

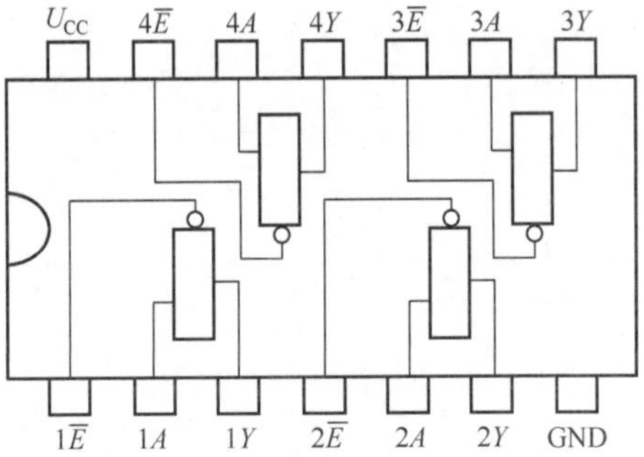

图 2-3-4　74LS125 引脚排列图

表 2-3-1　74LS125 的功能表

输入		输出
$\overline{E}$	A	Y
0	0	0
	1	1
1	0	高阻态
	1	

三态电路主要用途之一是实现总线传输，即用一个传输通道（总线），以选通方式传送多路信息。如图 2-3-5 所示，电路把若干个三态 TTL 电路输出端直接连接在一起构成三态门总线，使用时，要求只有需要传输信息的三态控制端处于使能态（$\overline{E}$=0）其余各门皆处于禁止状态（$\overline{E}$=1）。由于三态门输出电路结构与普通 TTL 电路相同，显然，若同时有两个或两个以上三态门的控制处于使能态，将出现与普通 TTL 门“线与”运用时同样的问题，因而是绝对不允许的。

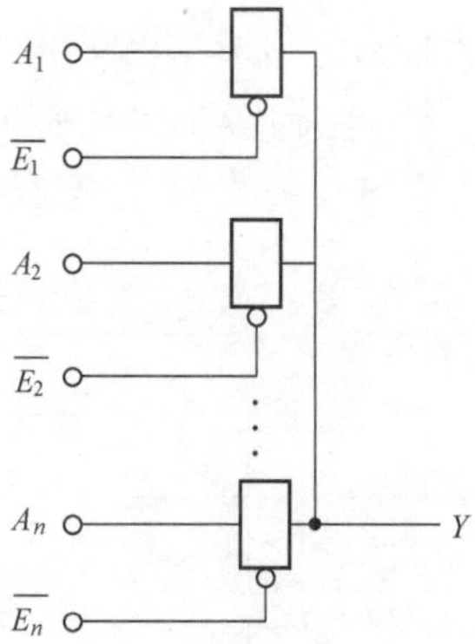

图 2-3-5　利用三态输出总线应用电路图

四、实训内容与步骤

1. TTL 集电极开路与非门 74LS03 负载电阻 R_L 的确定

步骤 1：用两个集电极开路与非门“线与”驱动一个 TTL 非门（74LS04 六非门），芯片引脚排列如图 2-3-6 所示。负载电阻由一个 200Ω电阻和一个 20kΩ 电位器串接而成，取 E_O=5V，U_{OH}=3.5V，U_{OL}=0.3V，按图 2-3-7 连接电路。

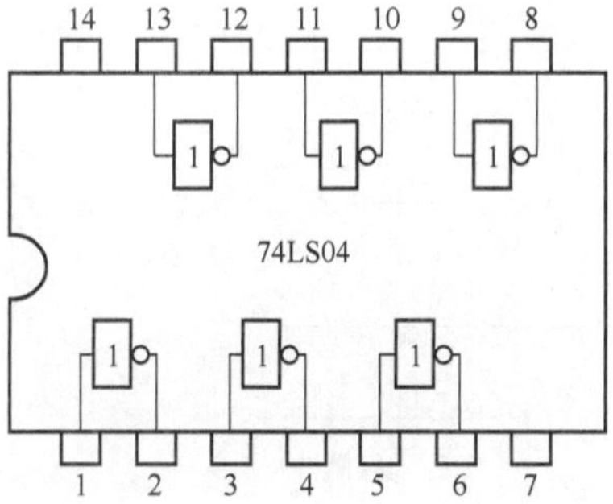

图 2-3-6　74LS04 芯片引脚排列图

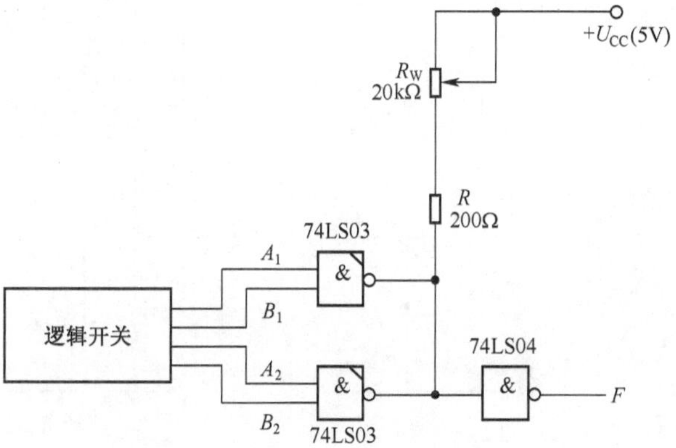

图 2-3-7　74LS03 负载电阻的确定电路图

步骤 2：接通电源，用逻辑开关改变两个 OC 门的输入状态，先使 OC 门“线与”输出高电平，调节 R_P 使 U_{OH}=3.5V，测得此时的 R_L 即为 R_{LMAX}，记入表 2-3-2 中。

步骤 3：使电路输出低电平 U_{OL}=0.3V，测得此时的 R_L 即为 R_{LMIN}，记入表 2-3-2 中。

表 2-3-2　负载电阻 R_L 测定值

参　数		数　据
R_L	R_{LMAX}	
	R_{LMIN}	

2. 三态输出门

（1）测试 74LS125 三态输出门的逻辑功能。

步骤：将数字逻辑电路实训箱扩展板插在实训箱相应位置并固定好。

三态门 125 芯片功能测试

找一个 14PIN 的插座插上芯片 74LS125，并将 14PIN 插座的第 7 脚接 GND，第 14 脚接上电源（U_{CC}），三态门输入端接逻辑开关，控制端接单次脉冲源，输出接发光二极管（逻辑电平显示）。逐个测试集成块中四个门的逻辑功能，记入表 2-3-3 中。

表 2-3-3 74LS125 测试表

输入		输出
$\bar{E}$	A	Y
0	0	
0	1	
1	0	
1	1	

（2）三态输出门的应用。

步骤：将四个三态输出门按图 2-3-8 所示接线。输入端按图示加输入信号，控制端接逻辑开关，输出端接电平指示器。先使四个三态门的控制端均为高电平“1”，即处于禁止状态，方可接通电源，然后轮流使其中一个门的控制端接低电平“0”，观察总线的逻辑状态。注意，应先使工作的三态门转换到禁止状态，再让另一个门开始传递数据。记录结果。

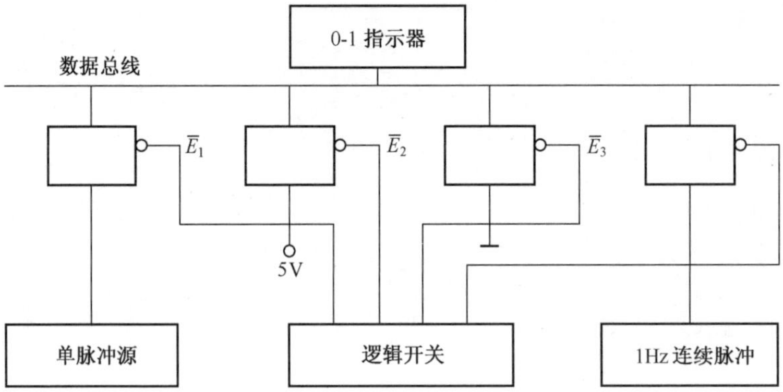

图 2-3-8 74LS125 实现总线传输实训电路图

五、实训总结

1. 画出实训电路图，并标明有关外接元件参数值。
2. 记录、整理实训结果，按格式填写实训报告。
3. 整理分析实训结果，总结集电极开路门和三态输出门的优缺点。

六、预习要求

1. 复习 TTL 集电极开路门和三态门工作原理。
2. 计算实训中各 R_L 阻值，并从中确定实训所用 R_L 值。

实 训 报 告

班级　　　　姓名　　　　学号

实训题目：
实训目的：
实训设备：
内容过程：
实训总结：

实训四　组合逻辑电路的设计与测试

一、实训目的

（1）熟练掌握组合逻辑电路的分析、设计与测试方法。
（2）掌握常用集成组合逻辑器件的逻辑功能以及使用方法。
（3）理解常用集成组合逻辑器件的工作原理。
（4）了解组合逻辑电路中的竞争与冒险。

二、实训设备与器件

（1）数字电子技术实训装置。
（2）双 4 输入正与非门（74LS20）×3。
（3）四 2 输入异或门（74LS86）×1。

三、实训原理

数字电路分为组合逻辑电路和时序逻辑电路。组合逻辑电路的特点是在任何时刻电路的输出信号仅取决于该时刻的输入信号，而与信号作用前电路原来所处的状态无关。

从电路结构上看，组合逻辑电路仅由门电路组成，电路中无记忆元件，输入输出之间无反馈。这是组合逻辑电路区别于时序逻辑电路的结构特点。

使用中、小规模集成电路来设计组合电路是最常见的逻辑电路。设计组合电路的一般步骤如图 2-4-1 所示。

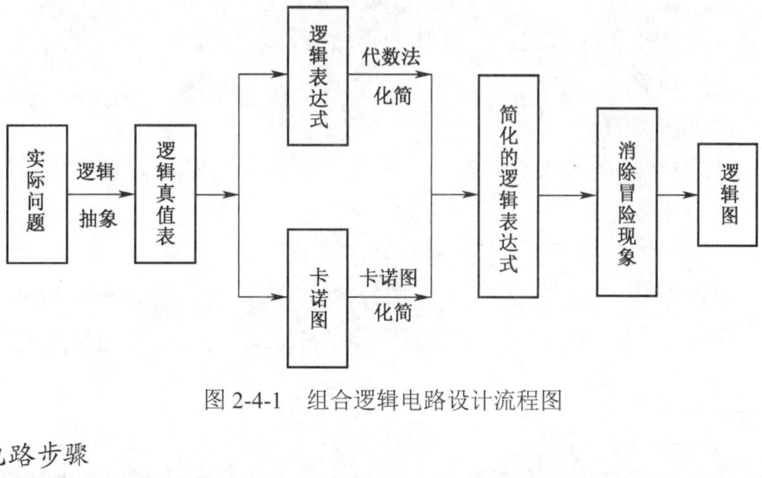

图 2-4-1　组合逻辑电路设计流程图

1．设计电路步骤

（1）分析方法。组合逻辑电路的分析就是根据给定的逻辑电路推导归纳出其逻辑功能。其分析步骤为：

1）写输出逻辑表达式：根据给定逻辑电路，由输入至输出或由输出至输入，逐级推导，写出输出函数的表达式。

2）简化逻辑表达式：根据需要，将表达式化简成最简式。

3）列真值表：将各种可能输入信号取值组合代入表达式，求出真值表，得出逻辑关系。

4）确定逻辑功能：根据函数表达式或真值表判断电路的逻辑功能。

（2）设计方法。设计就是从给定的逻辑要求出发，求出逻辑图。

1）列真值表。首先确定所给实际逻辑问题的因果关系，将引起事件的原因确定为输入变量，将事件所产生的结果作为输出函数；其次，要进行状态赋值，即分别用 0、1 表示输入信号和输出信号的逻辑状态，得到真值表。

注意：由于赋值不同，可得到不同的真值表，因而可得到不同的逻辑关系。因此应根据状态赋值去理解 0、1 的具体含义。列真值表时，不会出现或不允许出现的输入信号状态组合和输入变量取值组合可以不列出，如果列出，则可在相应输出处记上“×”号，以示区别，化简时可作约束项处理。

2）由真值表写出逻辑函数表达式，对逻辑函数进行化简或变换。化简时可根据变量多少和情况，用公式法和图形法。

3）按最简式画出逻辑图。

2. 组合逻辑电路的竞争冒险

组合逻辑电路设计过程通常是在理想情况下进行的，即假定一切器件均没有延迟效应。但实际情况并非如此，信号通过任何导线或器件都需要一个响应时间，而且由于制造工艺上的原因，各器件的延迟时间离散性很大。因此，按照理想情况设计的逻辑电路，在实际工作中有可能产生错误输出。一个组合电路，在它的输入信号变化时，输出出现瞬时错误的现象，称为组合电路的冒险现象。

组合逻辑电路的冒险现象是一个复杂的实际问题，在进行组合逻辑电路设计时，除了要进行静态测试，验证其逻辑功能外，还要进行动态测试。在输入信号发生变化的情况下，用示波器观察输出信号，看是否存在冒险现象。冒险现象是否需要消除，要看具体情况而定。如果产生冒险的组合电路所接负载对这些干扰脉冲不敏感，即不受毛刺的影响，可以不必消除；反之，则必须消除冒险现象。

消除竞争冒险现象的方法：

（1）接入滤波电路。在输入端并接一个很小的滤波电容 C_f，足可把尖峰脉冲的幅度削弱至门电路中的阈值电压以下。

（2）引入选通脉冲。对输出引进选通脉冲，避开现象。

（3）修改逻辑设计。在逻辑函数化简选择乘积项时，按照判断组合电路是否存在竞争冒险的方法，选择不会使逻辑函数产生竞争冒险的乘积项；也可采用增加冗余项方法。

四、实训内容与步骤

为实训提供的芯片有双 4 输入正与非门 74LS20、四 2 输入异或门 74LS86。两个芯片的引脚图分别如图 2-4-2 和图 2-4-3 所示。

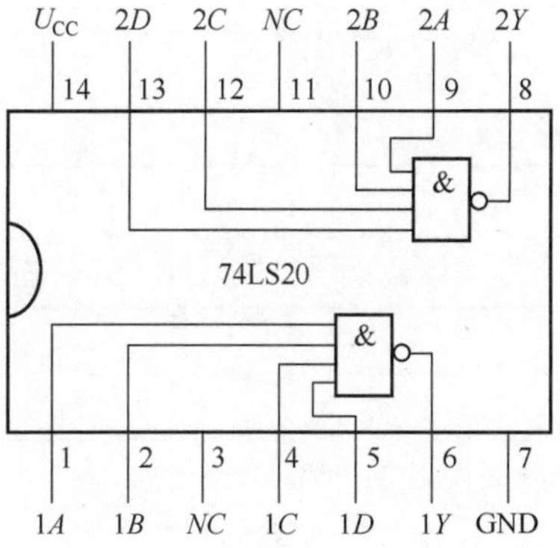

图 2-4-2　74LS20 引脚图

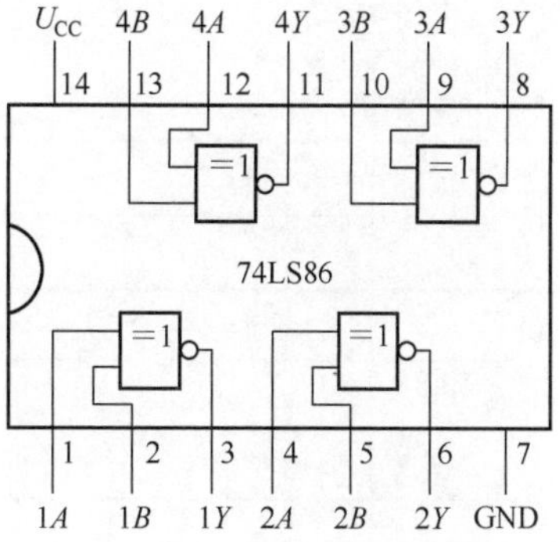

图 2-4-3　74LS86 引脚图

1. 用“与非”门设计一个裁判表决器电路

比赛有四个裁判，一位主裁判，三位副裁判，比赛结果由每个裁判按下自己的表决器按钮来确定，只有当三个或三个以上裁判裁决成功，并且其中有一个是主裁判时，表明成功的灯才亮。

步骤 1：根据题意列出真值表，填入表 2-4-1。

表 2-4-1　真值表

输入				输出
A	B	C	D	Y

步骤 2：填卡诺图于表 2-4-2 中，并进行化简。

步骤 3：写出化简的逻辑表达式。

步骤 4：画出电路图。

步骤 5： 通过实训验证逻辑功能正确与否。

表 2-4-2 卡诺图

CD	*AB*			
	00	01	11	10
00				
01				
11				
10				

在实训装置的适当位置选定三个 14P 插座，按照集成块定位标记插好集成块 74LS20。

按设计的电路图接线，输入端 *A*、*B*、*C*、*D* 接至逻辑开关输出插口，输出端 *Y* 接逻辑电平显示输入插口，按真值表（自拟）要求，逐次改变输入变量，测量相应的输出值，验证逻辑功能，与表 2-4-1 进行比较，验证所设计的逻辑电路是否符合要求。

2. 设计一个路灯控制电路

要求在 4 个不同的地方都能独立控制路灯的亮和灭。当一个开关动作后灯亮，则另一个开关动作后灯灭。要求用异或门实现。

步骤 1： 根据题意列出真值表，填入表 2-4-3 中。

表 2-4-3 真值表

输入				输出
A	*B*	*C*	*D*	*Y*

步骤 2：填卡诺图于表 2-4-4 中，并进行化简。
步骤 3：写出逻辑表达式。
步骤 4：画出电路图。
步骤 5：实训验证逻辑功能正确与否。

表 2-4-4 卡诺图

CD	*AB*			
	00	01	11	10
00				
01				
11				
10				

按设计的电路图接线，输入端 *A*、*B*、*C*、*D* 接至逻辑开关输出插口，输出端 *Y* 接逻辑电平显示输入插口，按真值表（自拟）要求，逐次改变输入变量，测量相应的输出值，验证逻辑功能，与表 2-4-3 进行比较，验证所设计的逻辑电路是否符合要求。

五、实训报告

1．记录、整理实训结果，按格式填写实训报告。
2．总结组合逻辑电路的分析设计方法。

六、预习要求

1．根据实训任务要求设计组合电路，并根据所给的标准器件画出逻辑图。
2．如何用最简单的方法验证门的逻辑功能是否完好？

实 训 报 告

班级　　　　姓名　　　　学号

实训题目：
实训目的：
实训设备：
内容过程：
实训总结：

实训五　加法器

一、实训目的

（1）掌握半加器和全加器的逻辑功能及测试方法。

（2）测试中规模集成全加器 74LS183 的功能。

二、实训设备及器件

（1）数字电子技术实训装置。

（2）二输入四与门（74LS08）×1。

（3）二输入四异或门（74LS86）×1。

（4）双全加器（74LS183）×1。

三、实训原理

在数字系统中，经常需要进行算术运算、逻辑操作及数字大小比较等操作，实现这些运算功能的电路是加法器。加法器是一种组合逻辑电路，主要功能是实现二进制数的算术加法运算。

半加器完成两个一位二进制数相加，而不考虑由低位来的进位。半加器逻辑表达式为：

$$S_n = A_n\overline{B}_n + \overline{A}_nB_n = A_n \oplus B_n$$

$$C_n = A_nB_n$$

半加器逻辑符号如图 2-5-1 所示，A_n、B_n 为输入端，S_n 为本位和数输出端，C_n 为向高位进位输出端。图 2-5-2 为用与门和异或门实现半加器的电路图。

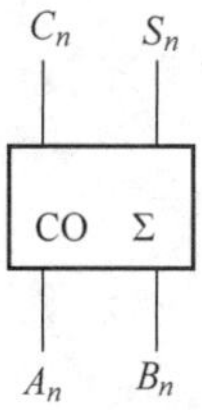

图 2-5-1　半加器逻辑符号

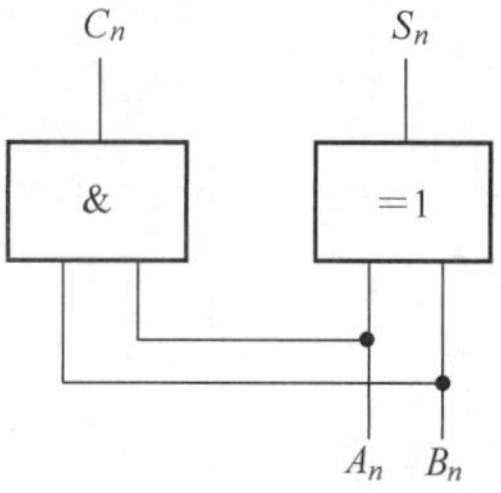

图 2-5-2　半加器电路图

全加器是带有进位的二进制加法器，全加器的逻辑表达式为：

$$S_n = \overline{A}_n\,\overline{B}_n\,C_{n-1} + \overline{A}_n\,B_n\,\overline{C}_{n-1} + A_n\,\overline{B}_n\,\overline{C}_{n-1} + A_nB_nC_{n-1}$$

$$C_n = A_nB_nC_{n-1} + A_nB_nC_{n-1} + A_nB_nC_{n-1} + A_nB_nC_{n-1}$$

全加器有 3 个输入端 A_n、B_n、C_{n-1}。C_{n-1} 为低位来的进位输入端，S_n、C_n 为两个输出端。

实现全加器逻辑功能的方案有多种。

中规模集成电路双全加器 74LS183 内部逻辑图如图 2-5-3 所示，引脚排列如图 2-5-4 所示，74LS08 引脚排列如图 2-5-5 所示。

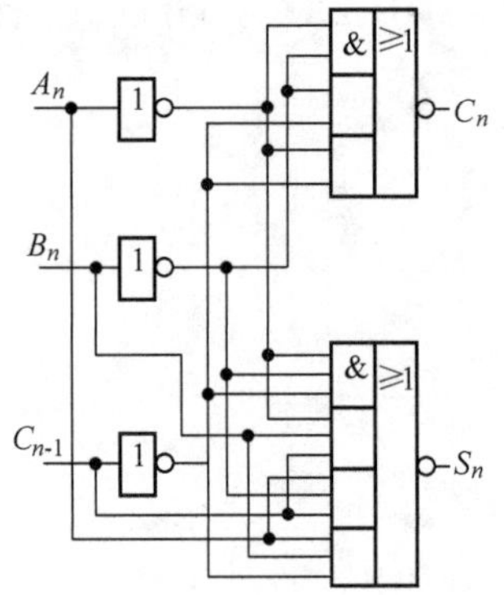

图 2-5-3　74LS183 内部逻辑图

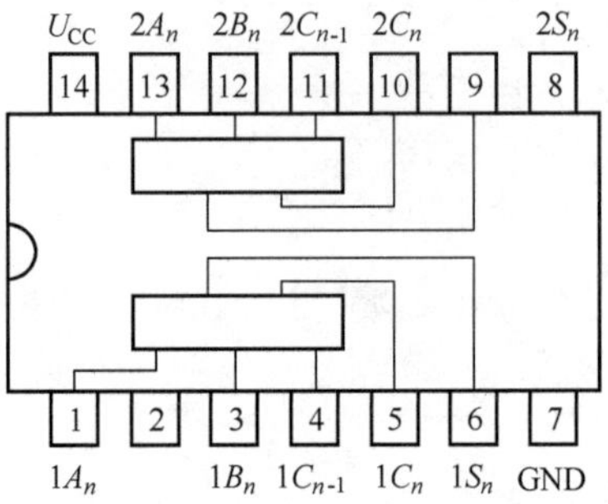

图 2-5-4　74LS183 引脚排列图

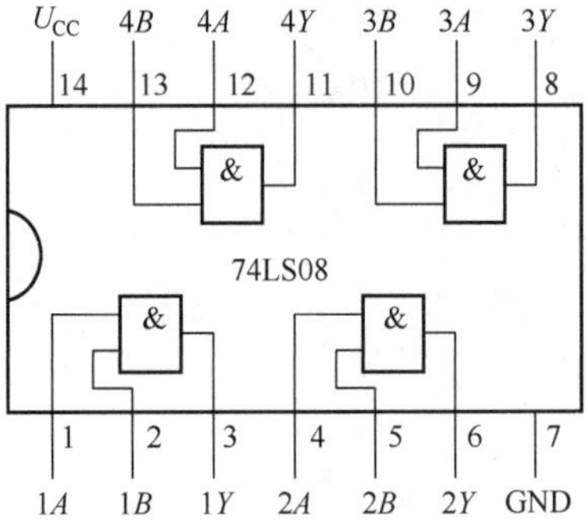

图 2-5-5　74LS08 引脚排列图

四、实训内容与步骤

半加器逻辑功能测试

1．半加器逻辑功能测试

本实训采用的与门型号为 2 输入四与门 74LS08，异或门型号为 2 输入四异或门 74LS86，构成一位半加器。

步骤：根据图 2-5-5、图 2-5-6 的引脚排列，按图 2-5-7 连接实训电路，并将实训数据记录于表 2-5-1 中。

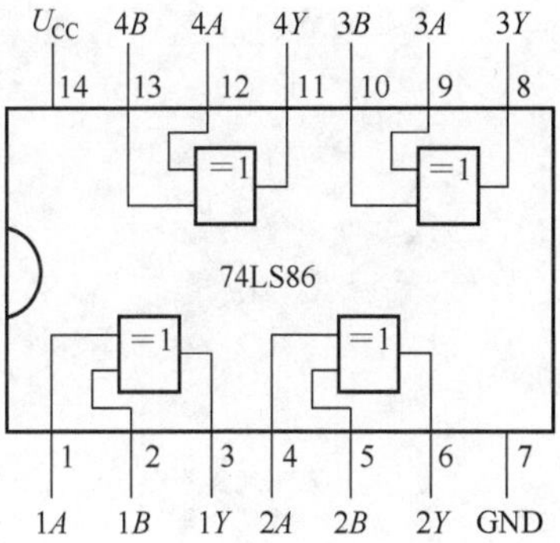

图 2-5-6　74LS86 引脚图

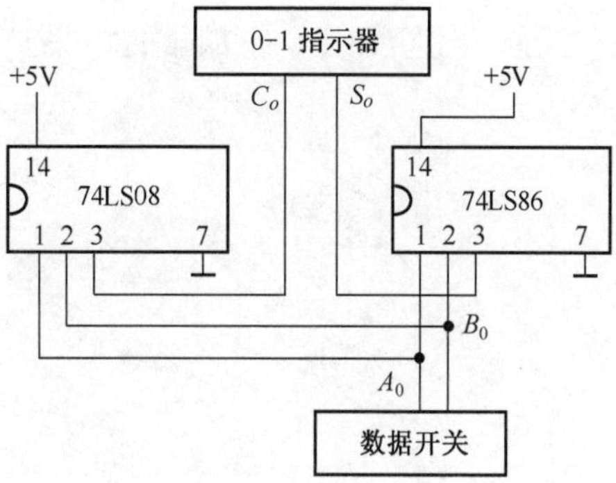

图 2-5-7　半加器连接电路图

表 2-5-1　半加器逻辑功能表

输入		输出	
A_o	B_o	S_o	C_o
0	0		
0	1		
1	0		
1	1		

2. 集成全加器 74LS183 逻辑功能测试

步骤：根据图 2-5-4 引脚排列，把输入端接逻辑开关、输出端接电平指示器，逐个测试全加器的逻辑功能，并将实训数据记录于表 2-5-2 中。

74LS183 全加器逻辑功能测试

表 2-5-2　全加器逻辑功能表

输入		输出	
A_o	B_o	S_o	C_o
0	0		
0	1		
1	0		
1	1		

五、实训报告

1. 整理半加器、全加器实训结果，总结逻辑功能。
2. 熟悉运用 74LS08、74LS86 及 74LS183 芯片。
3. 记录、整理实训结果，按格式填写实训报告。

六、预习要求

1．对 74LS86 与 74LS183 的引脚功能要熟悉。

2．阅读关于半加器、全加器的相关理论知识。

实 训 报 告

班级　　　　　　姓名　　　　　　学号

实训题目：
实训目的：
实训设备：
内容过程：
实训总结：

实训六　编码、译码、显示电路

一、实训目的

（1）掌握编码器、译码器的工作原理和特点。

（2）熟悉常用编码器、译码器、显示器件的逻辑功能和使用方法。

二、实训设备与器件

（1）数字电子技术实训装置。

（2）示波器。

（3）数字万用表。

（4）10 线-4 线优先编码器（74LS147）×1。

（5）3 线-8 线译码器（74LS138）×1。

（6）双 2 线-4 线译码器（74LS139）×1。

（7）BCD 码七段显示译码器（74LS248）×1。

（8）共阴极数码管×1。

三、实训原理

1. 编码器

编码是指把二进制码按一定的规律编排，使每一组代码具有一个特定的含义（例如代表某个数或控制信号）。具有编码功能的组合逻辑电路称为编码器。

编码器有若干个输入，在某一时刻只有一个输入被转为二进制码，被编码的信号个数 N 与要使用的二进制代码位数 n 的关系为 $N \leqslant 2^n$。如 8 线-3 线编码器有 8 个输入、3 位二进制码输出，10 线-4 线编码器有 10 个输入、4 位二进制码输出。

以 4 线-2 线编码器为例介绍编码器的工作原理。图 2-6-1 为其逻辑图，其中 I_3、I_2、I_1、I_0 为输入端，Y_0、Y_1 为输出端。表 2-6-1 为 4 线-2 线编码器的功能表。4 线-2 线编码器的输出逻辑函数表达式为：

$$Y_1 = \overline{I}_0\overline{I}_1 I_2\overline{I}_3 + \overline{I}_0\overline{I}_1\overline{I}_2 I_3$$

$$Y_0 = \overline{I}_0 I_1\overline{I}_2\overline{I}_3 + \overline{I}_0\overline{I}_1\overline{I}_2 I_3$$

2. 译码器

译码器是一个多输入、多输出的组合逻辑电路。它的作用是把给定的代码进行“翻译”，变成相应的状态，使输出通道中相应的一路有信号输出。译码器在数字系统中有广泛的用途，不仅用于代码的转换、终端的数字显示，还用于进行数据分配、存储器寻址和组合控制信号等。不同的功能可选用不同种类的译码器。

译码器可分为通用译码器和显示译码器两大类。通用译码器又分为变量译码器和代码变换译码器。

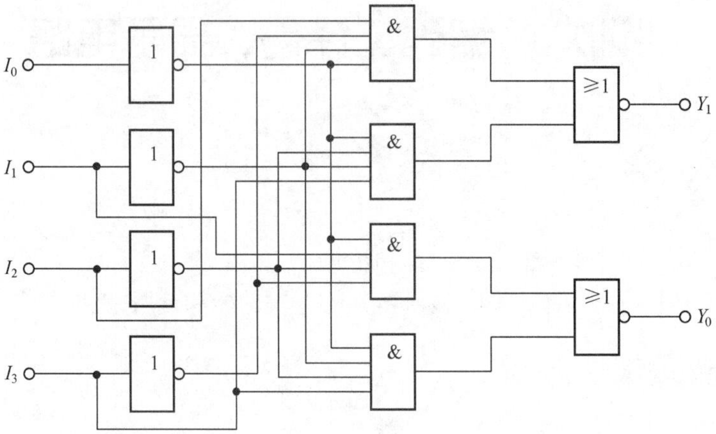

图 2-6-1　4 线-2 线编码器的逻辑图

表 2-6-1　4 线-2 线编码器的功能表

输入				输出	
I_0	I_1	I_2	I_3	Y_1	Y_0
1	0	0	0	0	0
0	1	0	0	0	1
0	0	1	0	1	0
0	0	0	1	1	1

（1）变量译码器（又称二进制译码器），用以表示输入变量的状态，如 2 线-4 线、3 线-8 线和 4 线-16 线译码器。若有 n 个输入变量，则有 2^n 个不同的组合状态，就有 2^n 个输出端口供使用。而每一个输出所代表的函数对应 n 个输入变量的最小项。

以 3 线-8 线译码器 74LS138 为例进行分析，其逻辑图如图 2-6-2 所示，引脚排列如图 2-6-3 所示。

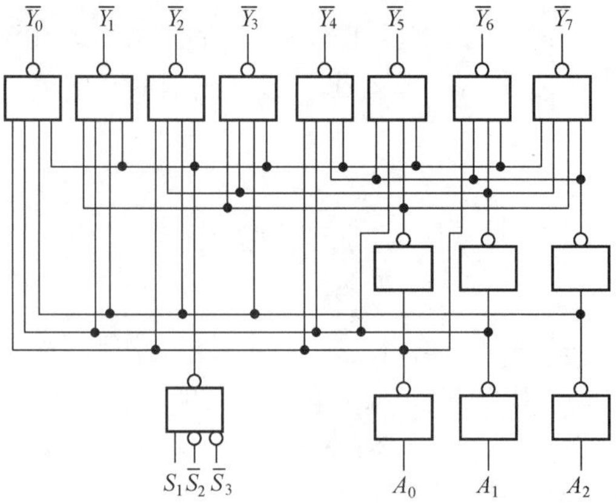

图 2-6-2　74LS138 逻辑图

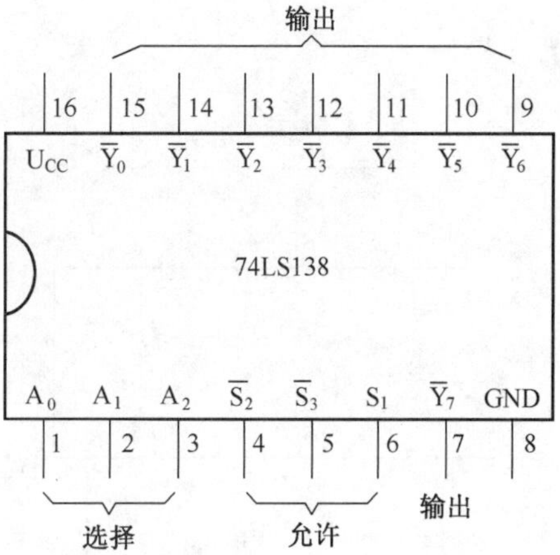

图 2-6-3　74LS138 引脚排列图

其中 A_2、A_1、A_0 为地址输入端，$\overline{Y_0}\sim\overline{Y_7}$ 为译码输出端，S_1、$\overline{S_2}$、$\overline{S_3}$ 为使能端。表 2-6-2 为 74LS138 功能表。

表 2-6-2　74LS138 功能表

输入					输出							
S_1	$\overline{S_2}+\overline{S_3}$	A_2	A_1	A_0	$\overline{Y_0}$	$\overline{Y_1}$	$\overline{Y_2}$	$\overline{Y_3}$	$\overline{Y_4}$	$\overline{Y_5}$	$\overline{Y_6}$	$\overline{Y_7}$
1	0	0	0	0	0	1	1	1	1	1	1	1
1	0	0	0	1	1	0	1	1	1	1	1	1
1	0	0	1	0	1	1	0	1	1	1	1	1
1	0	0	1	1	1	1	1	0	1	1	1	1
1	0	1	0	0	1	1	1	1	0	1	1	1
1	0	1	0	1	1	1	1	1	1	0	1	1
1	0	1	1	0	1	1	1	1	1	1	0	1
1	0	1	1	1	1	1	1	1	1	1	1	0
0	×	×	×	×	1	1	1	1	1	1	1	1
×	1	×	×	×	1	1	1	1	1	1	1	1

当 $S_1=1$，$\overline{S_2}+\overline{S_3}=0$ 时，器件使能，地址码所指定的输出端有信号（为 0）输出，其他所有输出端均无信号（全为 1）输出。当 $S_1=0$，$\overline{S_2}+\overline{S_3}=\times$时，或 $S_1=\times$，$\overline{S_2}+\overline{S_3}=1$ 时，译码器被禁止，所有输出同时为 1。

二进制译码器实际上也是负脉冲输出的脉冲分配器。若利用使能端中的一个输入端输入数据信息，器件就成为一个数据分配器（又称多路分配器），如图 2-6-4 所示。若在 S_1 输入端输入数据信息，$\overline{S_2}=\overline{S_3}=0$，地址码所对应的输出是 S_1 数据信息的反码；若从 $\overline{S_2}$ 端输入数据信息，令 $S_1=1$、$\overline{S_3}=0$，地址码所对应的输出就是 $\overline{S_2}$ 端数据信息的原码。若数据信息是时钟脉冲，则数据分配器便成为时钟脉冲分配器。

根据输入地址的不同组合译出唯一地址，故可用作地址译码器。接成多路分配器，可将一个信号源的数据信息传输到不同的地点。

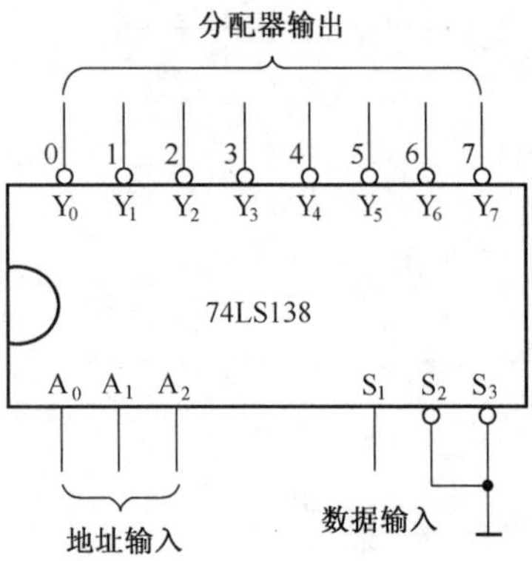

图 2-6-4　74LS138 数据分配器

二进制译码器还能方便地实现逻辑函数，图 2-6-5 所示实现的逻辑函数是：

$$Z=\overline{A}\,\overline{B}\,\overline{C}+\overline{A}B\overline{C}+A\overline{B}\,\overline{C}+ABC$$

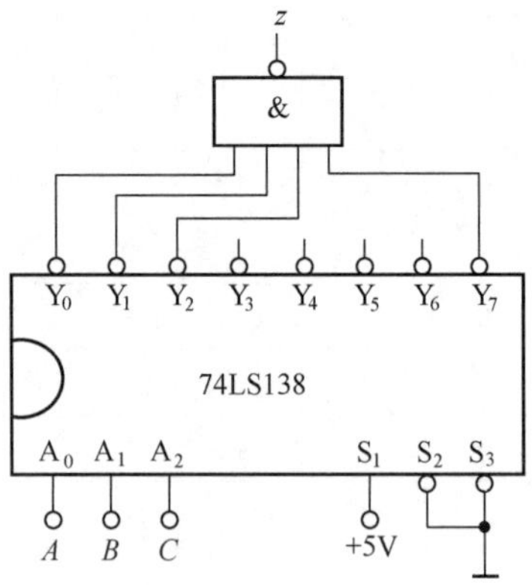

图 2-6-5　数据选择分配器实现逻辑函数

利用使能端能方便地将两个 3/8 译码器组合成一个 4/16 译码器，如图 2-6-6 所示。

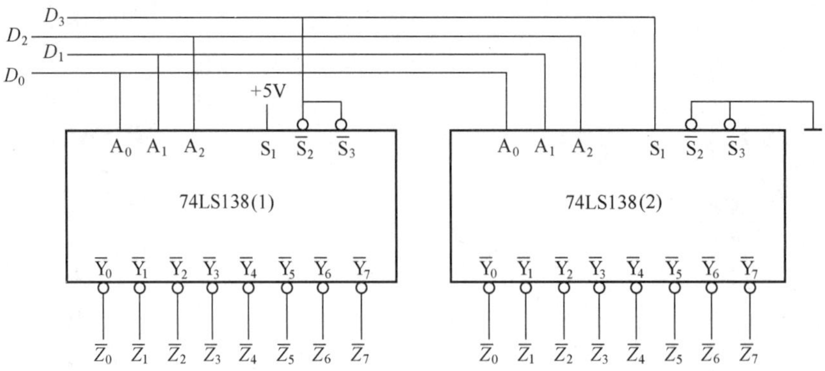

图 2-6-6　用两片 74LS138 组合成 4/16 译码器

（2）数码显示译码器。

1）七段发光二极管（LED）数码管。LED 数码管是目前最常用的数字显示器，图 2-6-7 为共阴管和共阳管的电路，图 2-6-8 为两种不同出线形式的引出脚功能图。

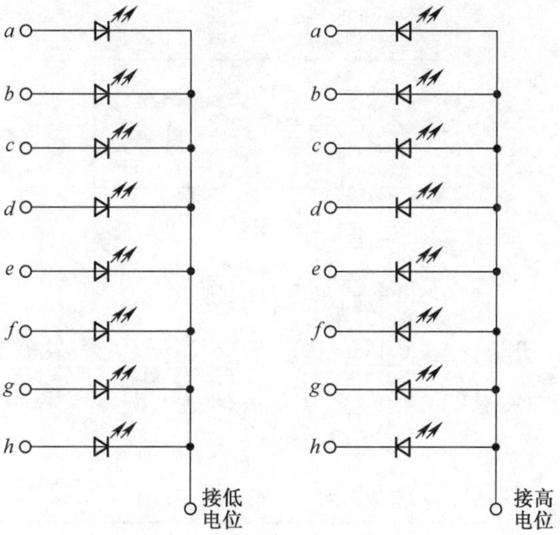

（a）共阴极　　（b）共阳极

图 2-6-7　LED 数码管共阴连接、共阳连接电路

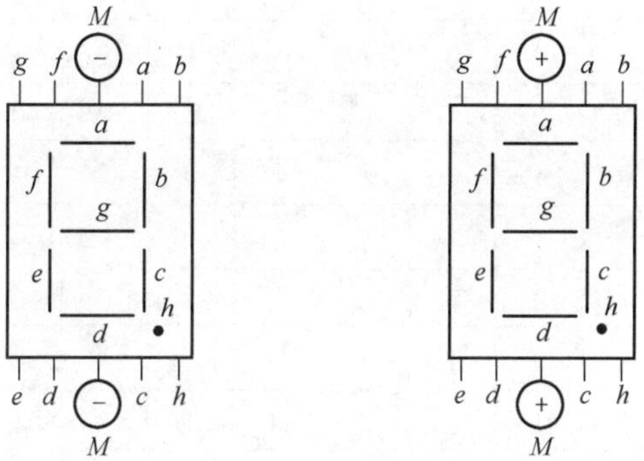

图 2-6-8　LED 数码管符号及引脚功能

一个 LED 数码管可用来显示一位 0～9 十进制数和一个小数点。小型数码管（0.5 寸和 0.36 寸）的每段发光二极管的正向压降随显示光的颜色（通常为红、绿、黄、橙色）不同略有差别，通常约为 2～2.5V，每个发光二极管的点亮电流为 5～10mA。LED 数码管要显示 BCD 码所表示的十进制数字就需要有一个专门的译码器，该译码器不但要完成译码功能，还要有相当的驱动能力。

2）BCD 码七段译码驱动器。此类译码器型号有 74LS47（共阳）、74LS48（共阴）、CC4511（共阴）等，本实训采用 CC4511 BCD 码锁存/七段译码/驱动器。驱动共阴极 LED 数码管。CC4511 引脚排列如图 2-6-9 所示。其中 A_0、A_1、A_2、A_3 为 BCD 码输入端；a、b、c、d、e、f、g 为译码输出端，输出“1”有效，用来驱动共阴极 LED 数码管；$\overline{LT}$ 为测试输入端，$\overline{LT}$ =“0”

时，译码输出全为“1”；$\overline{BI}$ 为消隐输入端，$\overline{BI}$ = “0” 时，译码输出全为“0”；LE 为锁定端，LE= “1” 时译码器处于锁定（保持）状态，译码输出保持在 LE= “0” 时的数值，LE= “0” 时为正常译码。

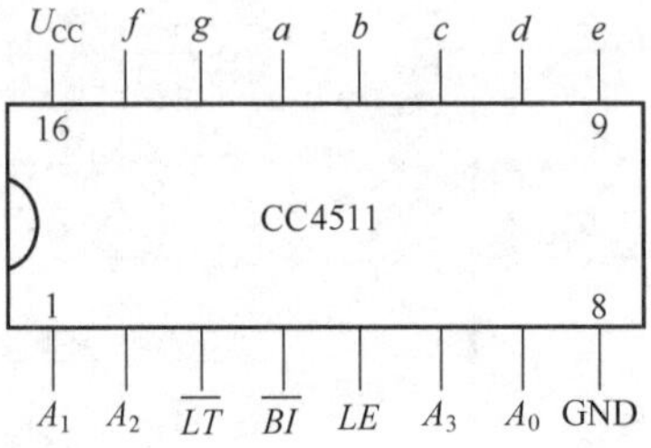

图 2-6-9　CC4511 引脚排列图

表 2-6-3 为 CC4511 功能表。CC4511 内接有上拉电阻，故只需在输出端与数码管之间串入限流电阻即可工作。译码器还有拒伪码功能，当输入码超过 1001 时，输出全为“0”，数码管熄灭。

表 2-6-3　CC4511 功能表

输入							输出							
LE	$\overline{BI}$	$\overline{LT}$	A_3	A_2	A_1	A_0	a	b	c	d	e	f	g	显示字形
×	×	0	×	×	×	×	1	1	1	1	1	1	1	8
×	0	1	×	×	×	×	0	0	0	0	0	0	0	消隐
0	1	1	0	0	0	0	1	1	1	1	1	1	0	0
0	1	1	0	0	0	1	0	1	1	0	0	0	0	1
0	1	1	0	0	1	0	1	1	0	1	1	0	1	2
0	1	1	0	0	1	1	1	1	1	1	0	0	1	3
0	1	1	0	1	0	0	0	1	1	0	0	1	1	4
0	1	1	0	1	0	1	1	0	1	1	0	1	1	5
0	1	1	0	1	1	0	0	0	1	1	1	1	1	6
0	1	1	0	1	1	1	1	1	1	0	0	0	0	7
0	1	1	1	0	0	0	1	1	1	1	1	1	1	8
0	1	1	1	0	0	1	1	1	1	0	0	1	1	9
0	1	1	1	0	1	0	0	0	0	0	0	0	0	消隐
0	1	1	1	0	1	1	0	0	0	0	0	0	0	消隐
0	1	1	1	1	0	0	0	0	0	0	0	0	0	消隐
0	1	1	1	1	0	1	0	0	0	0	0	0	0	消隐
0	1	1	1	1	1	0	0	0	0	0	0	0	0	消隐
0	1	1	1	1	1	1	0	0	0	0	0	0	0	消隐
1	1	1	×	×	×	×	锁　存							锁存

在本数字电路实训装置上已完成了译码器CC4511和数码管BS202之间的连接。实训时，只要接通+5V电源和将十进制数的BCD码接至译码器的相应输入端A、B、C、D，即可显示0～9的数字。四位数码管可接受四组BCD码输入。CC4511与LED数码管的连接如图2-6-10所示。

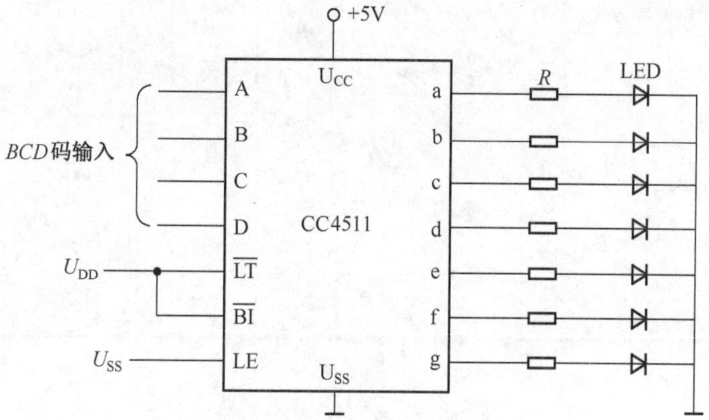

图2-6-10　CC4511驱动一位LED数码管

四、实训内容与要求

1. 编码器功能测试

步骤1：将10-4线（十进制-BCD码）优先编码器74LS147插入实训系统IC空插座中，按照图2-6-11所示接线，其中输入接9位逻辑0-1开关，输出Q_D、Q_C、Q_B、Q_A接4个LED发光二极管。接通电源，按表2-6-4输入各逻辑电平（开关开为“1”、关为“0”），观察输出结果并将其填入表2-6-4中（亮为“1”，灭为“0”）。

74LS147编码器功能测试

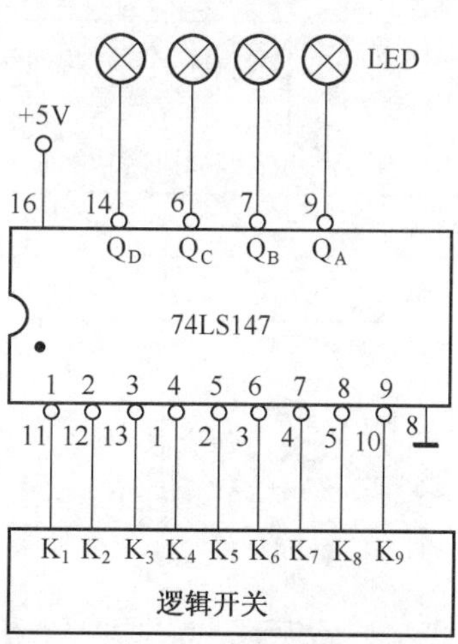

图2-6-11　10-4线编码器实训接线图

步骤2：将8-3线八进制优先编码器按上述同样方法进行实训论证。其接线图如图2-6-12所示。按表2-6-5输入各逻辑电平，观察输出结果并将其填入表2-6-5中。

表 2-6-4　10-4 线编码器功能表

输入									输出			
1	2	3	4	5	6	7	8	9	Q_D	Q_C	Q_B	Q_A
1	1	1	1	1	1	1	1	1	1	1	1	1
×	×	×	×	×	×	×	×	0				
×	×	×	×	×	×	×	0	1				
×	×	×	×	×	×	0	1	1				
×	×	×	×	×	0	1	1	1				
×	×	×	×	0	1	1	1	1				
×	×	×	0	1	1	1	1	1				
×	×	0	1	1	1	1	1	1				
×	0	1	1	1	1	1	1	1				
0	1	1	1	1	1	1	1	1				

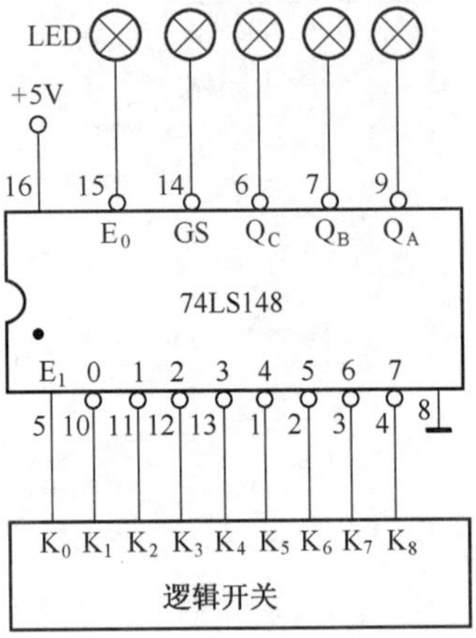

图 2-6-12　8-3 线编码器实训接线图

74LS148 编码器功能测试

表 2-6-5　8-3 线编码器功能表

输入									输出				
E_1	0	1	2	3	4	5	6	7	Q_C	Q_B	Q_A	E_O	G_S
1	×	×	×	×	×	×	×	×	1	1	1	1	1
0	1	1	1	1	1	1	1	1					
0	×	×	×	×	×	×	×	0					
0	×	×	×	×	×	×	0	1					
0	×	×	×	×	×	0	1	1					
0	×	×	×	×	0	1	1	1					
0	×	×	×	0	1	1	1	1					
0	×	×	0	1	1	1	1	1					
0	×	0	1	1	1	1	1	1					
0	0	1	1	1	1	1	1	1					

2. 译码器功能测试

步骤 1：将二进制 2-4 线译码器 74LS139 及二进制 3-8 译码器 74LS138 分别插入实训系统 IC 空插座中。

步骤 2：按图 2-6-13 接线，输入 C、A、B 信号（开关开为“1”、关为“0”），观察 LED 输出 Y_0、Y_1、Y_2、Y_3 的状态（亮为“1”，灭为“0”），并将结果填入表 2-6-6 中。

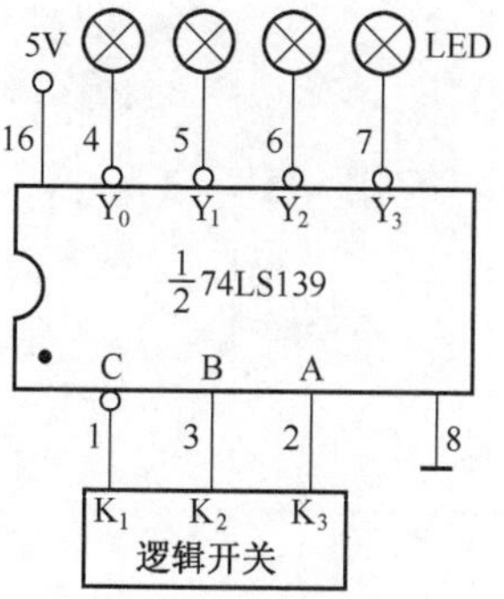

图 2-6-13　74LS139 2-4 线译码器实训接线图

表 2-6-6　74LS139 2-4 线译码器功能表

输入			输出			
C	B	A	Y_0	Y_1	Y_2	Y_3
1	×	×	1	1	1	1
0	0	0				
0	0	1				
0	1	0				
0	1	1				

步骤 3：按图 2-6-14 接线，使能信号 G_1、G_{2A}、G_{2B} 满足表 2-6-7 条件时（开关开为“1”、关为“0”），译码器选通。输入 G_1、G_{2A}、G_{2B}、A、B、C 信号（开关开为“1”、关为“0”），观察 LED 输出 Y_0～Y_7（亮为“1”，灭为“0”），并将结果填入表 2-6-7 中。

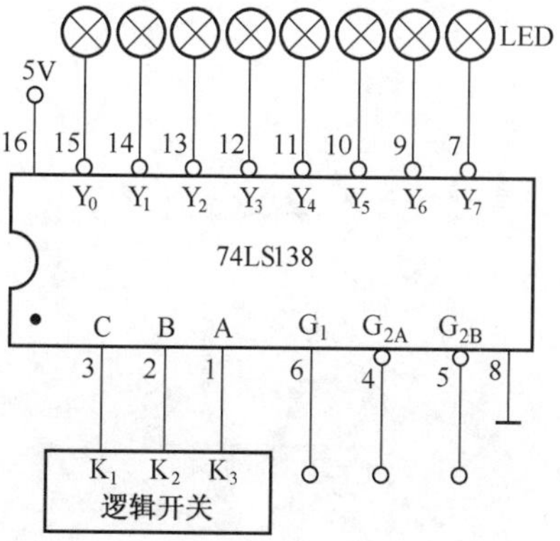

图 2-6-14　74LS138 3-8 线译码器线路图

译码器 138

表 2-6-7　74LS138 3-8 线译码器功能表

输入					输出							
使能		选择										
G_1	G_2（G_{2A}+G_{2B}）	C	B	A	Y_0	Y_1	Y_2	Y_3	Y_4	Y_5	Y_6	Y_7
×	1	×	×	×	1	1	1	1	1	1	1	1
0	×	×	×	×	1	1	1	1	1	1	1	1
1	0	0	0	0								
1	0	0	0	1								
1	0	0	1	0								
1	0	0	1	1								
1	0	1	0	0								
1	0	1	0	1								
1	0	1	1	0								
1	0	1	1	1								

步骤 4： 将译码驱动器 74LS48（或 74LS248）和共阴极数码管 LC5011-11（547R）插入空 IC 插座中，按图 2-6-15 接线。图 2-6-16 为共阴极数码管引脚排列图。

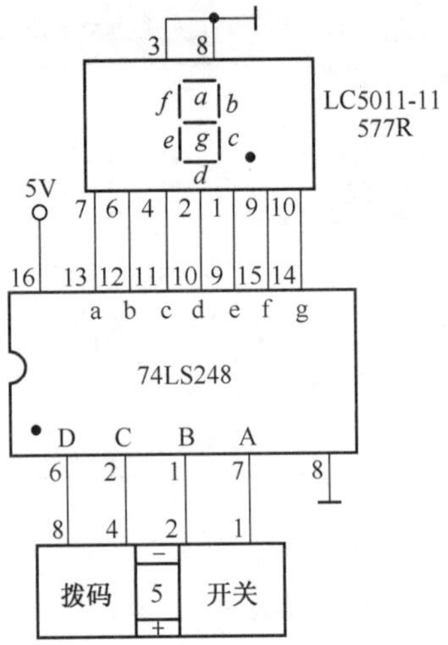

图 2-6-15　译码显示实训图

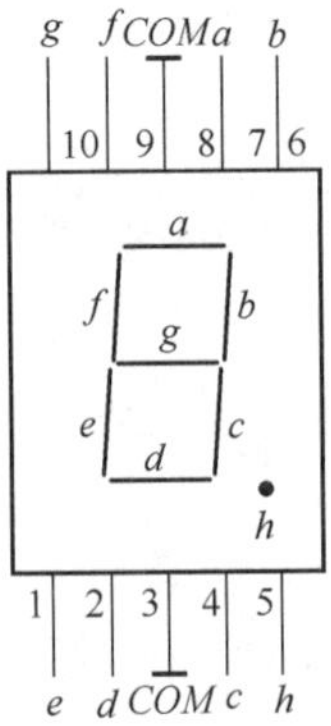

图 2-6-16　共阴极数码管引脚排列图

接通电源后，观察数码管显示结果是否和拨码开关指示数据一致，并将结果填入表 2-6-8 中。

表 2-6-8　译码显示功能表

输入	输出
D　C　B　A	

五、实训总结

1．记录、整理实训结果，按格式填写实训报告。
2．画好实训用逻辑状态表。

六、预习要求

1．复习译码器、编码器的工作原理和设计方法。
2．熟悉实训中所用译码器、编码器集成电路的管脚排列和逻辑功能。

实 训 报 告

班级　　　　　姓名　　　　　学号

实训题目：
实训目的：
实训设备：
内容过程：
实训总结：

实训七　数据选择器

一、实训目的

（1）熟悉中规模集成数据选择器的逻辑功能及测试方法。

（2）学习用集成数据选择器进行逻辑设计。

二、实训设备与器件

（1）数字电子实训设备。

（2）八选一数据选择器（74LS151）×1。

三、实训原理

数据选择器是常用的组合逻辑部件之一，又叫“多路开关”。它由组合逻辑电路对数字信号进行控制来完成较复杂的逻辑功能。它有若干个数据输入端 D_0 、D_1 、…，若干个控制输入端 A_0 、A_1 、…和一个输出端 Y_O 。在控制输入端加上适当的信号，即可从多个输入数据源中将所需的数据信号选择出来，送到输出端。使用时也可以在控制输入端加上一组二进制编码程序的信号，使电路按要求输出一串信号，所以它也是一种可编程的逻辑部件。

数据选择器为目前逻辑设计中应用十分广泛的逻辑部件，它有 2 选 1、4 选 1、8 选 1、16 选 1 等类别。

数据选择器的电路结构一般由与或门阵列组成，也有用传输门开关和门电路混合而成的。

1. 双四选一数据选择器 74LS1533

中规模集成芯片 74LS153 为双四选一数据选择器，引脚排列如图 2-7-1 所示。其中 D_0、D_1、D_2、D_3 为四个数据输入端，Y 为输出端，A_0、A_1 为控制输入端（或称地址端）同时控制两个四选一数据选择器的工作，G 为工作状态选择端（或称使能端）。74LS153 的逻辑功能见表 2-7-1，当 $1\bar{G}$ (=$2\bar{G}$)=1 时电路不工作，此时无论 A_1、A_0 处于什么状态，输出 Y 总为 0，即禁止所有数据输出，当 $1\bar{G}$ (=$2\bar{G}$)=0 时，电路正常工作，被选择的数据送到输出端，如 A_1A_0=01，则选中数据 D_1 输出。

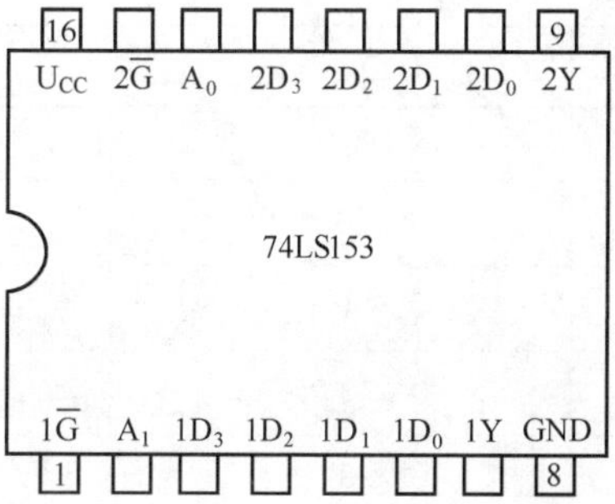

图 2-7-1　74LS153 引脚排列图

表 2-7-1　74LS153 的逻辑功能

输入			输出
$\overline{G}$	A_1	A_0	Y
1	×	×	0
0	0	0	D_0
0	0	1	D_1
0	1	0	D_2
0	1	1	D_3

当 $\overline{G}$ =0 时，74LS153 的逻辑表达式为：

$$Y=\overline{A}_1\,\overline{A}_0 D_0+\overline{A}_1 A_0 D_1+A_1\overline{A}_0 D_2+A_0 A_1 D_3$$

2. 八选一数据选择器 74LS151

中规模集成芯片 74LS151 为八选一数据选择器，引脚排列如图 2-7-2 所示。其中 D_0～D_7 为数据输入端，Y（$\overline{Y}$）为输出端，A_2、A_1、A_0 为地址端。74LS151 的逻辑功能见表 2-7-2，逻辑表达式为：

$$Y=\overline{A}_2\,\overline{A}_1\,\overline{A}_0 D_0+\overline{A}_2\,\overline{A}_1 A_0 D_1+\overline{A}_2 A_1\overline{A}_0 D_2+\overline{A}_2 A_0 A_1 D_3+A_2\overline{A}_1\,\overline{A}_0 D_4+A_2\overline{A}_1 A_0 D_5+A_2 A_1\overline{A}_0 D_6+A_2 A_1 A_0 D_7$$

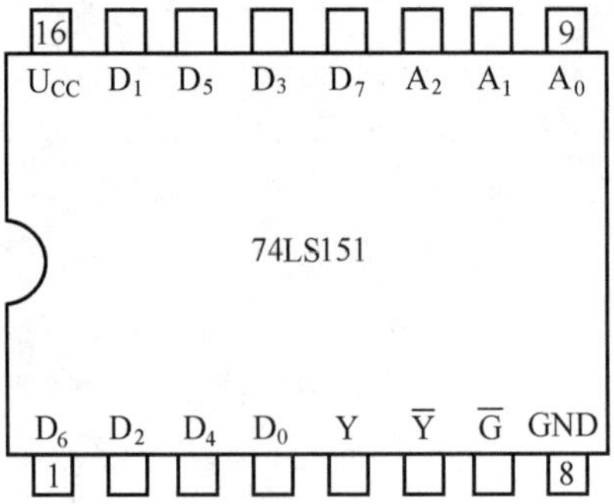

图 2-7-2　74LS151 引脚排列图

表 2-7-2　74LS151 的逻辑功能

输入		输出	
$\overline{G}$	A_2　A_1　A_0	Y	$\overline{Y}$
1	×　×　×	0	1
0	0　0　0	D_0	$\overline{D}_0$
0	0　0　1	D_1	$\overline{D}_1$
0	0　1　0	D_2	$\overline{D}_2$
0	0　1　1	D_3	$\overline{D}_3$

续表

输入		输出	
$\overline{G}$	A_2　A_1　A_0	Y	$\overline{Y}$
0	1　0　0	D_4	$\overline{D}_4$
0	1　0　1	D_5	$\overline{D}_5$
0	1　1　0	D_6	$\overline{D}_6$
0	1　1　1	D_7	$\overline{D}_7$

数据选择器是一种通用性很强的中规模集成电路，除了能传递数据外，还可用它设计数码比较器，变并行码为串行及组成函数发生器。本实训内容为用数据选择器设计函数发生器。

用数据选择器可以产生任意组合的逻辑函数，因而用数据选择器构成函数发生器方法简便，线路简单。对于任何给定的三输入变量逻辑函数均可用四选一数据选择器来实现，同时对于四输入变量逻辑函数可以用八选一数据选择器来实现。应当指出，数据选择器实现逻辑函数时，要求逻辑函数式变换成最小项表达式。因此，对函数化简是没有意义的。

例如，用八选一数据选择器实现逻辑函数：$F=AB+BC+CA$

写出 F 的最小项表达式：$F=AB+BC+CA=\overline{A}BC+A\overline{B}C+AB\overline{C}+ABC$

先将函数 F 的输入变量 A、B、C 分别加到八选一的地址端 A_2、A_1、A_0，再将上述最小项表达式与八选一逻辑表达式进行比较（或用两者卡诺图进行比较），不难得出：

$$D_0=D_1=D_2=D_4=0$$

$$D_3=D_5=D_8=D_7=1$$

图 2-7-3 为八选一数据选择器实现 $F=AB+BC+CA$ 的逻辑图。

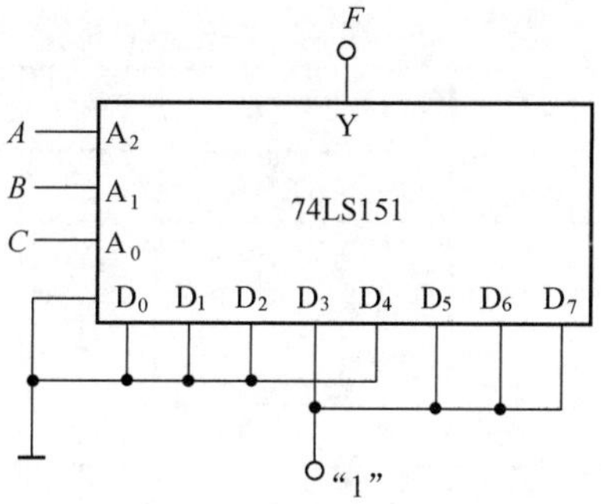

图 2-7-3　八选一数据选择器实现 $F=AB+BC+CA$ 的逻辑图

用四选一数据选择器实现上述逻辑函数，由于选择器只有两个地址端 A_1、A_0，而函数 F 有三个输入变量，此时可把变量 A、B、C 分成两组，任选其中两个变量（如 A、B）作为一组加到选择器的地址端，余下的一个变量（如 C）作为另一组加到选择器的数据输入端，并按逻辑函数式的要求求出加到每个数据输入端 D_0～D_7 的 C 的值。选择器输出 Y 便可实现逻辑函数 F。

当函数 F 的输入变量小于数据选择器的地址端时，应将不同的地址端及不用的数据输入端都进行接地处理。

四、实训内容与步骤

74LS151 数据选择器

1. 测试 74LS151 八选一数据选择器的逻辑功能

步骤 1：按图 2-7-4 接线。其中 C、B、A 为三位地址码，$\bar{G}$ 为低电平选通输入端，D_0～D_7 为数据输入端，Y 为原码输出端，W 为反码输出端。

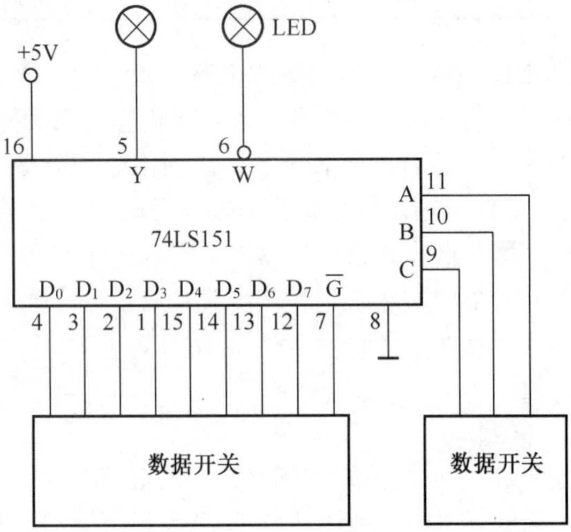

图 2-7-4　74LS151 测试电路图

步骤 2：置选通端 $\bar{G}$ 为 0 电平，数据选择器被选中，拨动逻辑开关 C、B、A 分别为 000、001、…、111，观察输出端 Y 和 W 的输出结果，将其记录于表 2-7-3 中。

表 2-7-3　74LS151 逻辑功能表

$\bar{G}$ C B A	Y	D_0～D_7	D_0～D_7	W	D_0～D_7	D_0～D_7
1 ×××	0	10101010	11110000	1	10101010	11110000
0 0 0 0	D_0			$\bar{D}_0$		
0 0 0 1	D_1			$\bar{D}_1$		
0 0 1 0	D_2			$\bar{D}_2$		
0 0 1 1	D_3			$\bar{D}_3$		
0 1 0 0	D_4			$\bar{D}_4$		
0 1 0 1	D_5			$\bar{D}_5$		
0 1 1 0	D_6			$\bar{D}_6$		
0 1 1 1	D_7			$\bar{D}_7$		

2. 用 74LS151 实现三位奇数校验器的功能

三位奇数校验器的真值表见表 2-7-4，要求用 74LS15l 实现其功能。

74LS151 实现三位奇数校验

表 2-7-4　三位奇数校验器的真值表

输入			输出
A	*B*	*C*	*Y*
0	0	0	0
0	0	1	1
0	1	0	1
0	1	1	0
1	0	0	1
1	0	1	0
1	1	0	0
1	1	1	1

步骤 1：根据真值表写出该逻辑函数的最小项表达式为：

$$Y=\overline{A}\,\overline{B}C+\overline{A}B\overline{C}+A\overline{B}\,\overline{C}+ABC$$

步骤 2：根据最小项表达式画出 74151 接线图，如图 2-7-5 所示。按表 2-7-4 测量相应的输出状态，验证是否满足三位奇数校验器的逻辑功能。

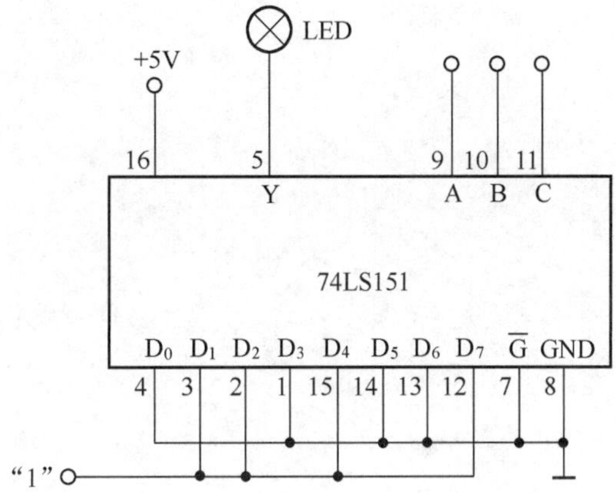

图 2-7-5　用 74151 实现三位奇数校验

五、实训总结

1. 总结 74LS151 的逻辑功能。
2. 总结用数据选择器构成全加器的优点。
3. 论证自己设计各逻辑电路的正确性及优缺点。
4. 记录、整理实训结果，按格式填写实训报告。

六、预习要求

1．熟悉 74LS151 芯片的各引脚功能。

2．了解关于数据选择器的相关知识。

实 训 报 告

班级　　　　　　姓名　　　　　　学号

实训题目：
实训目的：
实训设备：
内容过程：
实训总结：

实训八　触发器功能测试及转换

一、实训目的

（1）掌握基本 RS 触发器、JK 触发器、D 触发器和 T 触发器的逻辑功能和测试方法。

（2）熟悉各类触发器之间逻辑功能的相互转换方法。

二、实训仪器与器件

（1）数字电子技术实训装置。

（2）双 JK 触发器（74LS112）×1。

（3）双 D 触发器（74LS74）×1。

（4）2 输入四与非门（74LS00）×1。

三、实训原理

触发器是具有记忆功能的二进制信息存储器件，是时序逻辑电路的基本单元之一。触发器具有两个稳定状态，用以表示逻辑状态“1”和“0”，在一定的外界信号作用下，可以从一个稳定状态翻转到另一个稳定状态。

触发器按逻辑功能可分 RS、JK、D、T 触发器；按电路触发方式可分为主从型触发器和边沿型触发器两大类。

1. 基本 RS 触发器

图 2-8-1 所示电路为由两个与非门交叉耦合而成的基本 RS 触发器，它是无时钟控制低电平直接触发的触发器，有直接置位、复位的功能，是组成各种功能触发器的最基本单元。基本 RS 触发器也可以用两个或非门组成，它是高电平直接触发的触发器。

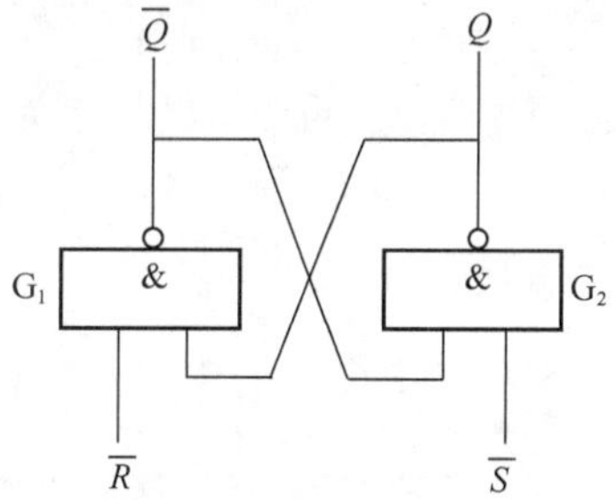

图 2-8-1　基本 RS 触发器

2. JK 触发器

JK 触发器是一种逻辑功能完善、通用性强的集成触发器，在结构上可分为主从型 JK 触发器和边沿型 JK 触发器。在产品中应用较多的是下降边沿触发的边沿型 JK 触发器。JK 触发器的逻辑符号如图 2-8-2 所示。它有三种不同功能的输入端，第一种是直接置位、复位输入端，用$\overline{S}$和$\overline{R}$表示，在$\overline{S}$=0，$\overline{R}$=1 或$\overline{R}$=0，$\overline{S}$=1 时，触发器将不受其他输入端状态影响，使触发器强迫置“1”（或置“0”），当不强迫置“1”（或置“0”）时，$\overline{S}$、$\overline{R}$都应置高电平。第二种是时钟脉冲输入端，用来控制触发器触发翻转（或称作状态更新），用 CP 表示（在国家标准符号中称作控制输入端，用 C 表示），逻辑符号中 CP 端处若有小圆圈，则表示触发器在时钟脉冲下降沿（或负边沿）发生翻转，若无小圆圈，则表示触发器在时钟脉冲上升沿（或正边沿）发生翻转。第三种是数据输入端，它是触发器状态更新的依据，用 J、K 表示。

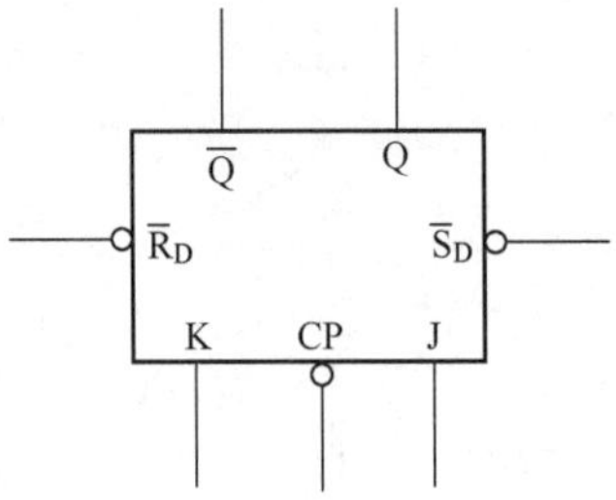

图 2-8-2 JK 触发器

JK 触发器的状态方程为：$Q^{n+1}=J\overline{Q}^n+\overline{K}Q^n$

本实训采用 74LS112 型双 JK 触发器，是下降边沿触发的边沿触发器，引脚排列如图 2-8-3 所示。

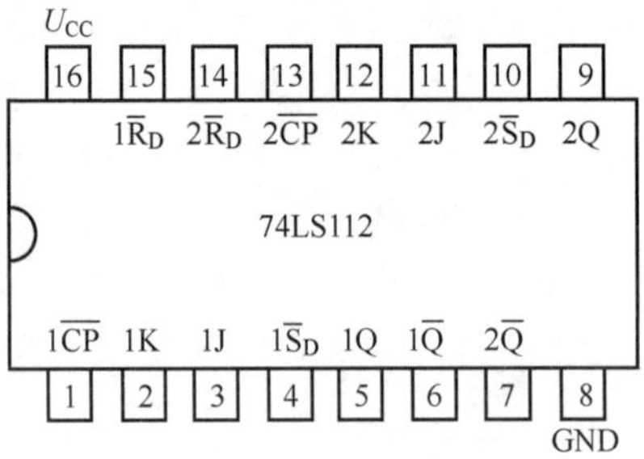

图 2-8-3 JK 触发器 74LS112 引脚排列图

3. D 触发器

D 触发器是另一种使用广泛的触发器，它的基本结构多为维阻型。D 触发器的逻辑符号如图 2-8-4 所示。D 触发器是在 CP 脉冲上升沿触发翻转，触发器的状态取决于 CP 脉冲到来之前 D 端的状态，状态方程为：$Q^{n+1}=D$。

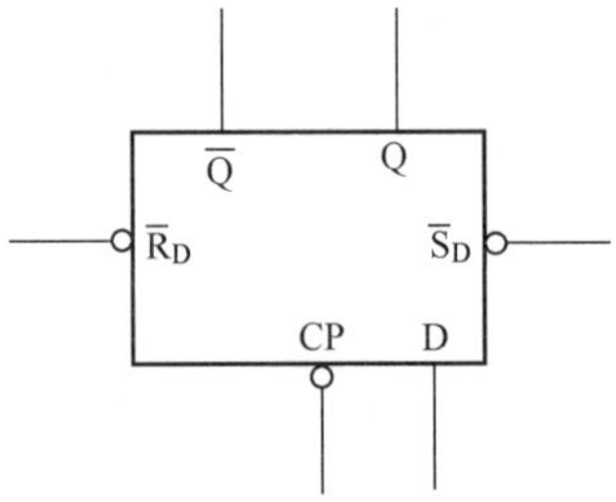

图 2-8-4 D 触发器逻辑符号

本实训采用 74LS74 型双 D 触发器，是上升边沿触发的边沿触发器，引脚排列如图 2-8-5 所示。

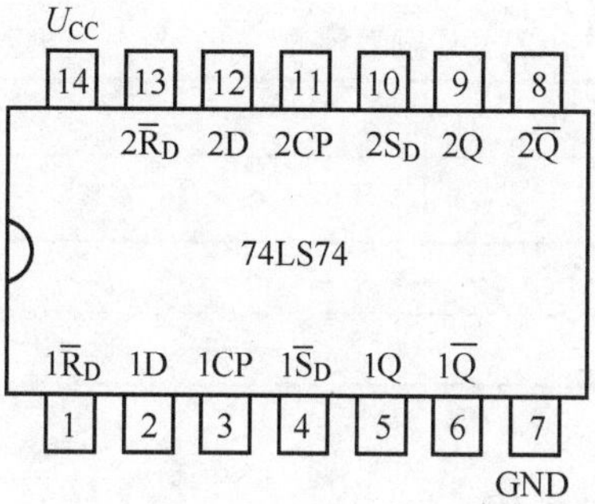

图 2-8-5　D 触发器 74LS74 引脚排列图

不同类型的触发器对时钟信号和数据信号的要求各不相同，一般来说，边沿触发器要求数据信号超前于触发边沿一段时间出现（称为建立时间），并且要求在边沿到来后继续维持一段时间（称为保持时间）。对于触发边沿陡度也有一定要求（通常要求小于 100ns）。主从触发器对上述时间参数要求不高，但要求在 CP=1 期间外加的数据信号不容许发生变化，否则将导致触发器错误输出。

在集成触发器的产品中，虽然每一种触发器都有固定的逻辑功能，但可以利用转换的方法得到其他功能的触发器。若把 D 触发器的 $\overline{Q}$ 端和 D 端相连，便转换成了 T 触发器。

T 触发器广泛应用于计算电路中。值得注意的是转换后的触发器其触发方式不变。

四、实训内容与步骤

基本 RS 触发器逻辑功能测试

1. 测试基本 RS 触发器的逻辑功能

步骤：按图 2-8-1 所示，用与非门 74LS00 构成基本 RS 触发器。输入端 $\overline{R}$ 、$\overline{S}$ 连接数据开关，输出端 Q 接电平指示器，按表 2-8-1 要求测试逻辑功能，记录结果于表 2-8-1 中。

表 2-8-1　基本 RS 触发器逻辑功能表

$\overline{S}$	$\overline{R}$	Q^n
0	0	
0	1	
1	0	
1	1	

2. 测试双 JK 触发器 74LS112 逻辑功能

（1）测试 $\overline{R}_D$ 、$\overline{S}_D$ 的复位、置位功能。

步骤：按图 2-8-2 所示接线，任取一只 JK 触发器，将 $\overline{R}_D$ 、$\overline{S}_D$ 、J、K 端口接数据开关，CP 端接单次脉冲源，Q 端接电平指示器（LED），按表 2-8-2 要求改变 $\overline{R}_D$ 、$\overline{S}_D$ 、（J、K、CP

处于任意状态），并在$\overline{R}_D$=0（$\overline{S}_D$=1）或$\overline{S}_D$=0（$\overline{R}_D$=1）作用期间任意改变 J、K 及 CP 的状态，观察 Q 状态，记录结果于表 2-8-2 中。

表 2-8-2　JK 触发器测试$\overline{R}_D$、$\overline{S}_D$功能表

功能	输入		输出
	$\overline{S}_D$	$\overline{R}_D$	Q^n
置位	1→0→1	1	
复位	1	1→0→1	

注：CP、J、K、D 端为任意状态。

JK 触发器逻辑功能测试

（2）测试 JK 触发器的逻辑功能。

步骤：按表 2-8-3 要求改变 J、K、CP 端状态，观察 Q 状态变化，观察触发器状态更新是否发生在 CP 脉冲的下降沿（即 CP 由 1→0，此时$\overline{R}_D$和$\overline{S}_D$可以不接），记录结果于表 2-8-3 中。

表 2-8-3　JK 触发器的逻辑功能

J	K	Q^n	CP	Q^{n+1}	功能
0	0	0	0→1		
0	0	1	1→0		
0	1	0	0→1		
0	1	1	1→0		
1	0	0	0→1		
1	0	1	1→0		
1	1	0	0→1		
1	1	1	1→0		

3. 测试双 D 触器 74LS74 的逻辑功能

（1）测试$\overline{R}_D$、$\overline{S}_D$的复位、置位功能。

步骤：任取一只 D 触发器，引脚如图 2-8-5 所示，$\overline{R}_D$、$\overline{S}_D$端接逻辑开关输出插口，CP 端接单次脉冲源，Q、$\overline{Q}$端接至逻辑电平显示输入插口。要求改变$\overline{R}_D$、$\overline{S}_D$（CP 处于任意状态），并在$\overline{R}_D$=0（$\overline{S}_D$=1）或$\overline{S}_D$=0（$\overline{R}_D$=1）作用期间任意改变 J、K 及 CP 的状态，观察 Q、$\overline{Q}$状态，将结果记录于表 2-8-4 中。

表 2-8-4　测试 D 触发器$\overline{R}_D$、$\overline{S}_D$置位功能

$\overline{R}_D$	$\overline{S}_D$	Q	$\overline{Q}$	触发器的状态
0	1			
1	0			

（2）测试D触发器的逻辑功能。

D触发器逻辑功能测试

步骤： 按表2-8-5要求进行测试，并观察触发器状态的更新是否发生在 CP 脉冲的上升沿（由0→1），将结果记录于表2-8-5中。

表2-8-5 D触发器的逻辑功能

D	CP	Q^{n+1}	
		$Q^n=0$	$\overline{Q^n}=1$
0	0→1		
	1→0		
1	0→1		
	1→0		

4. 触发器之间的相互转换

（1）JK触发器转换为T触发器。

步骤： 将JK触发器74LS112中的 J、K 两端连在一起，并认它为 T 端，就得到所需的 T 触发器，如图2-8-6所示，其状态方程为 $Q^{n+1}=T\overline{Q^n}+\overline{T}Q^n$。

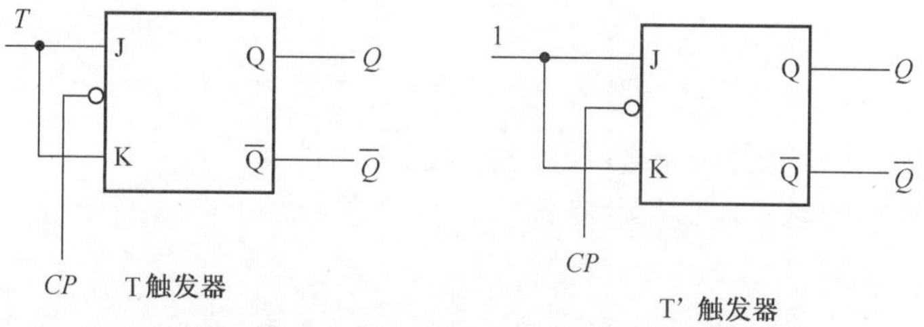

图2-8-6 JK触发器转换为T、T′触发器

按表2-8-6的要求改变 $\overline{R_D}$、$\overline{S_D}$、CP、T 端状态，观察 $\overline{Q}$、Q 状态变化，观察触发器状态更新是否发生在 CP 脉冲的下降沿（即 CP 1→0），将结果记录于表2-8-6中。

表2-8-6 T触发器逻辑功能

输入				输出
$\overline{R_D}$	$\overline{S_D}$	CP	T	Q^{n+1}
0	1	×	×	
1	0	×	×	
1	1	×	×	
1	1	↓	0	
1	1	↓	1	

由功能表可见，当 T=0时，时钟脉冲作用后，其状态保持不变；当 T=1时，时钟脉冲作用后，触发器状态翻转。所以，若将T触发器的 T 端置1，如图2-8-6所示，即得T′触发器。

在 T′触发器的 CP 端每来一个 CP 脉冲信号，触发器的状态就翻转一次，故称为翻转触发器，其广泛用于计数电路中。

（2）D 触发器转换为 T′触发器。

步骤： 取 74LS74 芯片按图 2-8-7 连接，将 D 触发器的 $\overline{Q}$ 端与 D 端相连，转换成 T′触发器，仿照前面例子自拟表格记录数据。

（3）JK 触发器转换为 D 触发器。

步骤： 将 JK 触发器 74LS112 按图 2-8-8 连接，转化为 D 触发器，仿照前面例子自拟表格记录数据。

JK 触发器转换 D 触发器

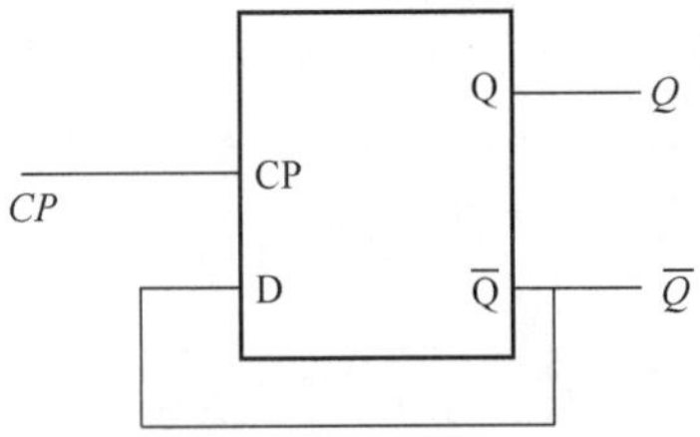

图 2-8-7　D 触发器转换为 T′触发器

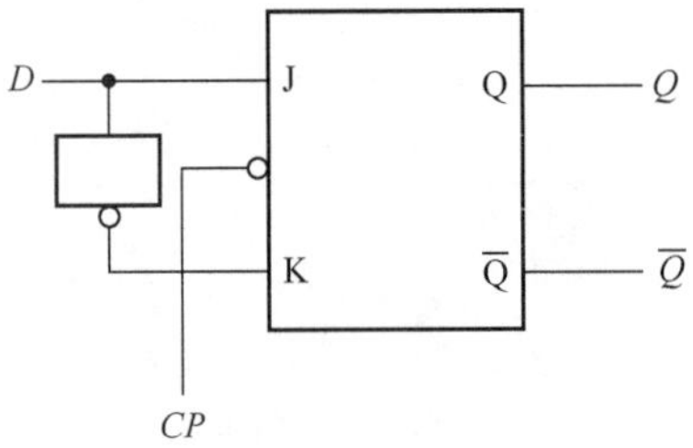

图 2-8-8　JK 触发器转换为 D 触发器

五、实训总结

1．列表整理各类型触发器的逻辑功能。
2．总结 JK 触发器 74LS112 和 D 触发器 74LS74 的特点。
3．记录、整理实训结果，按格式填写实训报告。

六、预习要求

1．复习有关触发器的内容。
2．列出各触发器功能测试表格。
3．JK 触发器和 D 触发器在实现正常逻辑功能时，$\overline{R}_D$、$\overline{S}_D$ 应处于什么状态？

实训报告

班级　　　　姓名　　　　学号

实训题目：
实训目的：
实训设备：
内容过程：
实训总结：

实训九　计数器

一、实训目的

（1）学习用集成触发器构成计数器的方法。
（2）熟悉中规模集成十进制计数器的逻辑功能及使用方法。
（3）学习计数器的功能扩展。
（4）了解集成译码器及显示器的应用。

二、实训设备与器件

（1）双 D 触发器（74LS74）×2。
（2）同步十进制可逆计数器（74LS192）×1。

三、实训原理

计数器是一种重要的时序逻辑电路，它不仅可以计数，而且可以用作定时控制及进行数字运算等。

根据计数功能，计数器可分为加法计数器、减法和可逆计数器；根据计数体制，计数器可分为二进制计数器和任意进制计数器，而任意进制计数器中常用的是十进制计数器；根据计数脉冲引入的方式，计数器可以分为同步计数器和异步计数器。

1. 用 D 触发器构成异步二进制加法计数器

图 2-9-1 是用四只 D 触发器构成的四位二进制异步加法计数器。它的连接特点是将每只 D 触发器接成 T′触发器形式，再将低位触发器的 $\overline{Q}$ 端与高一位的 CP 端相连接，即构成异步计数方式。若把图 2-9-1 稍加改动，即将低位触发器的 Q 端和高一位的 CP 端相连，即构成了减法计数器。本实训采用的 D 触发器型号为 74LS74。

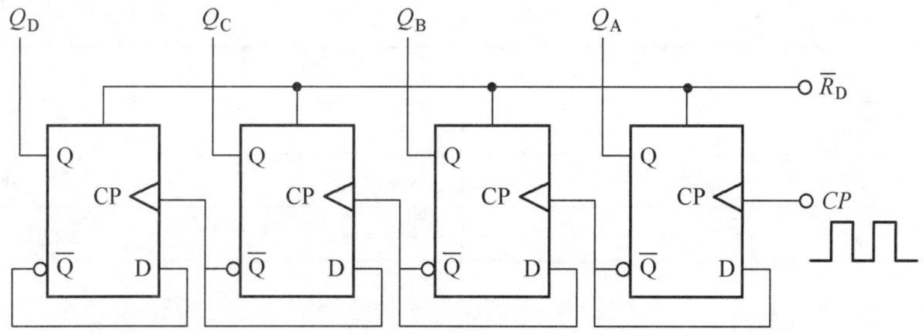

图 2-9-1　用 D 触发器构成的四位二进制异步加法计数器

2. 中规模十进制计数器

中规模集成计数器品种多、功能完善，通常具有预置、保持、计数等多种功能。74LS192 同步十进制可逆计数器具有双时钟输入，可以执行十进制加法和减法计数，并具有清除、置数等功能。其引脚排列如图 2-9-2 所示。其中，$\overline{LD}$ 为置数端；CP_U 为加计数端；CP_D 为减计数端；$\overline{B_O}$ 为非同步借位输出端；$\overline{C_O}$ 为非同步进位输出端；Q_A、Q_B、Q_C、Q_D 为计数器输出端；A、B、C、D 为数据输入端；CR 为除端。

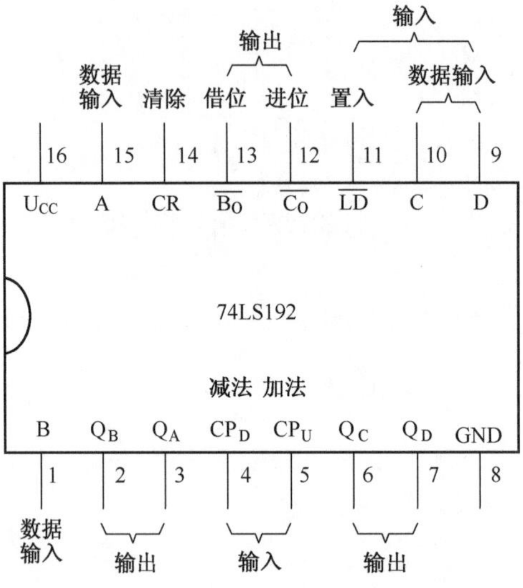

图 2-9-2　74LS192 引脚排列图

表 2-9-1 为 74LS192 功能表，说明如下：

当清除端为高电平“1”时，计数器直接清零（称为异步清零），执行其他功能时，CR 置低电平。当 CR 为低电平，置数端 $\overline{LD}$ 为低电平时，数据直接从置数端 A、B、C、D 置入计数器。当 MR 为低电平，$\overline{LD}$ 为高电平时，执行计数功能。执行加法计数时，减计数端 CP_D 接高电平，计数脉冲由加计数端 CP_U 输入，在计数脉冲上升沿进行 8421 编码的十进制加法计数。执行减法计数时，加计数端 CP_U 接高电平，计数脉冲由减计数端 CP_D 输入，在计数脉冲上升沿进行 8421 编码十进制减法计数。表 2-9-2 为 8421 码十进制加法计数器的状态转换表。

表 2-9-1　74LS192 功能表

输入								输出			
CR	$\overline{LD}$	CP_U	CP_D	D_D	D_C	D_B	D_A	Q_D	Q_C	Q_B	Q_A
1	×	×	×	×	×	×	×	0	0	0	0
0	0	×	×	d	c	b	a	d	c	b	a
0	1	↑	1	×	×	×	×	加法计数			
0	1	1	↑	×	×	×	×	减法计数			

表 2-9-2　8421 码十进制加法计数器的状态转换表

输入脉冲数/个	输出			
	Q_D	Q_C	Q_B	Q_A
0	0	0	0	0
1	0	0	0	1

续表

输入脉冲数/个	输出			
	Q_D	Q_C	Q_B	Q_A
2	0	0	1	0
3	0	0	1	1
4	0	1	0	0
5	0	1	0	1
6	0	1	1	0
7	0	1	1	1
8	1	0	0	0
9	1	0	0	1

3. 计数器的级联使用

一只十进制计数器只能表示 0～9 十个数，在实际应用中要计的数往往很大，一位数是不够的，解决这个问题的办法是把几个十进制计数器级联使用，以扩大计数范围。图 2-9-3 所示为由两只 74LS192 构成的加法计数级联电路图，其连接特点是低位计数器的 CP_U 端接计数脉冲，进位输出端 $\overline{C_0}$ 接到高一位计数器的 CP_U 端。在加法计数过程中，当低位计数器输出端由 1001（9_{10}）变为 0000（0_{10}）时，进位输出端 $\overline{C_0}$ 输出一个上升沿，送到高一位的 CP_U 端，使高一位计数器加 1，也就是说低位计数器每计满个位的十个数，则高位计数器计一个数。同理，在减法计数过程中，当低位计数器的输出端由 0000（0_{10}）变到 1001（9_{10}）时，借位输出端 $\overline{B_0}$ 输出一个上升沿，送到高一位的 CP_D 端使高一位减 1。

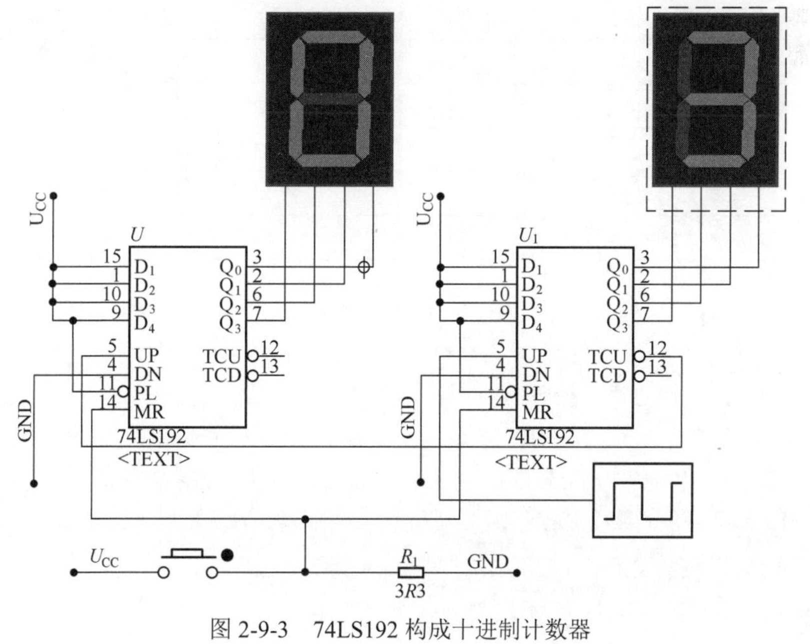

图 2-9-3　74LS192 构成十进制计数器

四、实训内容与要求

1. 用 74LS74 双 D 触发器构成四位二进制异步加、减法计数器

步骤 1： 取两片 74LS74，先把 D 触发器接成 T′触发器，验证逻辑功能，待各触发器工作正常后，再把它们按图 2-9-1 连接。$\overline{R}_D$ 端接逻辑开关，最低位的 CP 端接单次脉冲源，输出端 Q_A～Q_D 接电平指示器。为防止干扰，各触发器 $\overline{S}_D$ 端应接固定高电平（+5V 电源处）。

步骤 2： 清零后，由最低位触发器的 CP 端逐个送入单次脉冲，观察并列表记录 Q_A～Q_D 状态于表 2-9-3 中。

表 2-9-3 74LS74 双 D 触发器构成四位二进制异步加、减法计数器逻辑功能检测表

输入脉冲数/个	加法输出	输入脉冲数/个	减法输出
	Q_D Q_C Q_B Q_A		Q_D Q_C Q_B Q_A
0		0	
1		1	
2		2	
3		3	
4		4	
5		5	
6		6	
7		7	
8		8	
9		9	
10		10	
11		11	
12		12	
13		13	
14		14	
15		15	

步骤 3： 将图 2-9-1 电路中的低位触发器的 Q 端和高一位的 CP 端相连接，构成减法计数器，按步骤 2 要求进行实训，观察并记录 Q_A～Q_D 状态于表 2-9-3 中。

2. 测试 74LS192 十进制可逆计数器的逻辑功能

可逆计数器
74LS192 功能测试

步骤 1： 参照图 2-9-2 引脚排列图连接测试电路。计数脉冲由单次脉冲源提供，清零端 CR、置数端 $\overline{LD}$ 、数据输入端 D_A、D_B、D_C、D_D 分别接逻辑开关，输出端 Q_A、Q_B、Q_C、Q_D 分别接实训台上译码相应输入端 A、B、C、D 及 0-1 指示器，$\overline{C_O}$ 、$\overline{D_O}$ 接 0-1 指示器。

按表 2-9-1 逐项测试 74LS192 逻辑功能，判断此集成块功能是否正常。

步骤 2： 清除。令 CR=1，其他输入为任意状态，这时 $Q_DQ_CQ_BQ_A$=0000，译码显示为 0。

清除功能完成后，置 CR=0。

步骤 3： 置数。令 CR=0，CP_U、CP_D 任意，数据输入端输入任意一组二进制数 $D_D D_C D_B D_A$=××××，令 $\overline{LD}$=0，观察计数器输出××××是否已被置入。预置功能完成后，置 $\overline{LD}$=1。

步骤 4： 加法计数。CR=0，$\overline{LD}$=CP_D=1，CP_U 接单次脉冲源。清零后由 CP_U 逐个送入 10 个单次脉冲，观察 Q_A～Q_D 及 $\overline{C_O}$ 状态变化及数码显示情况，观察输出状态变化是否发生在 CP_U 的上升沿。

步骤 5： 减法计数，令 CR=0，$\overline{LD}$=CP_U=1，CP_D 接单次脉冲源。参照步骤 4 进行实训。

五、实训总结

1．总结用中规模集成计数器构成任意进制计数器的方法。
2．对实训中的异常现象进行分析。
3．记录、整理实训结果，按格式填写实训报告。

六、预习要求

1．复习有关计数器的内容。
2．画出用两片 74LS192 构成两位十进制减法计数器的电路图。
3．画出用 74LS192 及 74LS00 构成六进制加法计数器的电路图。

实 训 报 告

班级　　　　　　姓名　　　　　　学号

实训题目：
实训目的：
实训设备：
内容过程：
实训总结：

实训十　移位寄存器及其应用

一、实训目的

（1）掌握中规模4位双向移位寄存器逻辑功能及使用方法。

（2）熟悉移位寄存器的应用——实现数据的串行、并行转换。

二、实训设备及器件

（1）数字电子技术实训装置。

（2）4位双向通用移位寄存器（74LS194）×2。

（3）双D触发器（74LS74）×1。

三、实训原理

移位寄存器是一个具有移位功能的寄存器，指寄存器中所存的代码能够在移位脉冲的作用下依次左移或右移。既能左移又能右移的称为双向移位寄存器，只需要改变左、右移的控制信号便可实现双向移位要求。根据移位寄存器存取信息的方式不同分为：串入串出、串入并出、并入串出、并入并出四种形式。

本实训选用4位双向通用移位寄存器74LS194，其引脚排列及逻辑符号如图2-10-1所示。

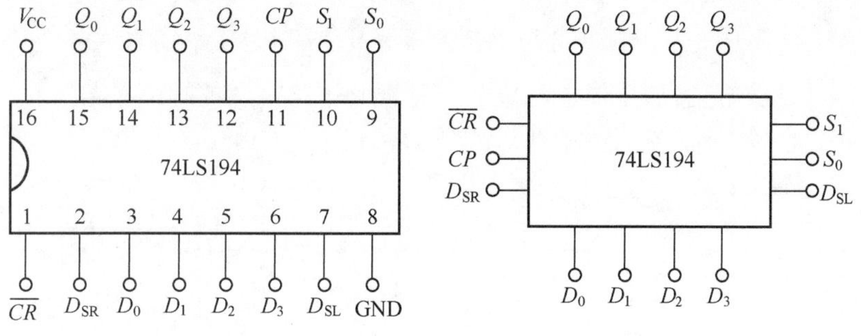

（a）引脚排列图　　　　（b）逻辑符号示意图

图2-10-1　4位双向通用移位寄存器74LS194引脚排列及逻辑符号

寄存器有四种不同操作模式：①并行寄存；②右移（方向 $Q_0 \to Q_3$）；③左移（方向 $Q_3 \to Q_0$）；④保持。S_1、S_0和$\overline{CR}$的作用见表2-10-1。

移位寄存器应用很广，可构成移位寄存器型计数器、顺序脉冲发生器、串行累加器，可用作数据转换，即把串行数据转换为并行数据，或把并行数据转换为串行数据等。本实训研究移位寄存器用作环形计数器和串行累加器的情况。

表 2-10-1　S_1、S_0和$\overline{CR}$的控制作用

CP	$\overline{CR}$	S_1	S_0	功能	Q_0	Q_1	Q_2	Q_3
×	0	×	×	清除	0	0	0	0
↑	1	1	1	送数	D_0	D_1	D_2	D_3
↑	1	0	1	右移	D_{SR}	Q_0	Q_1	Q_2
↑	1	1	0	左移	Q_1	Q_2	Q_5	Q_{SL}
↑	1	0	0	保持	Q_0^n	Q_1^n	Q_2^n	Q_3^n
↓	1	×	×	保持	Q_0^n	Q_1^n	Q_2^n	Q_3^n

把移位寄存器的输出反馈到它的串行输入端，就可以进行循环移位，如图 2-10-2（a）所示的 4 位右移寄存器中，把输出 Q_D 和右移串行输入端 SR 相连接，设初始状态 $Q_AQ_BQ_CQ_D$=1000，则在时钟脉冲作用下 $Q_AQ_BQ_CQ_D$ 将依次变为 0100→0010→0001→1000→……，其波形如图 2-10-2（b）所示。可见它是一个具有 4 个有效状态的计数器，图 2-10-2（a）电路可以由各个输出端输出在时间上有先后顺序的脉冲，因此也可作为顺序脉冲发生器。

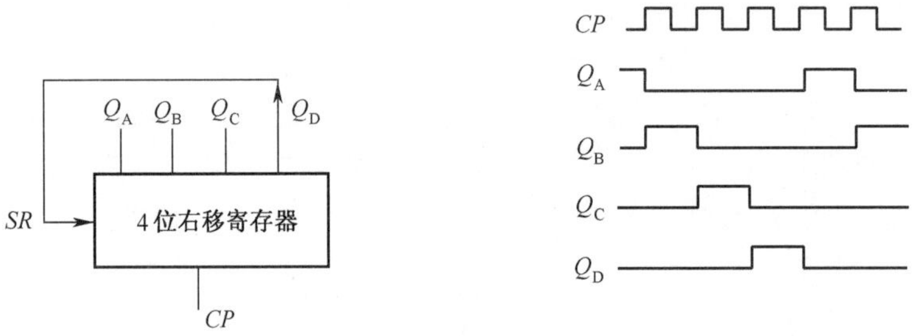

（a）4 位右移寄存器　　（b）波形图

图 2-10-2　四位右移寄存器图

累加器是由移位寄存器和全加器组成的一种求和电路，它的功能是将本身寄存的数和另一个输入的数相加，并存放在累加器中。累加器原理图如图 2-10-3 所示。

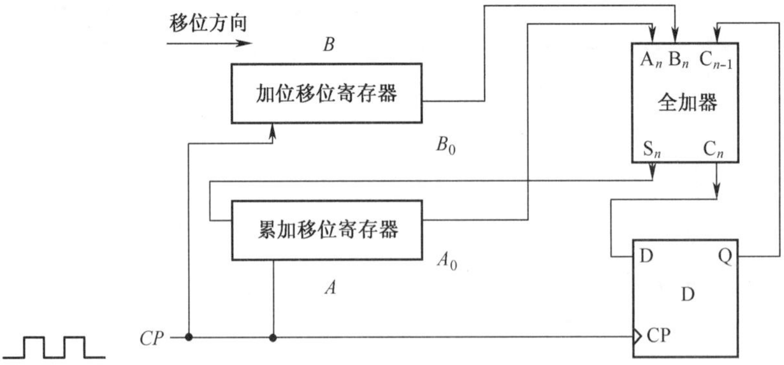

图 2-10-3　累加器原理图

设开始时，被加数 $A=A_{n-1}\cdots A_0$ 和加数 $B=B_{n-1}\cdots B_0$ 已分别存入 n+1 位累加和移位寄存器和加数移位寄存器中。进位触发器已被清零。当第一个时钟脉冲到来之前，全加器各输入、输出

情况为$A_n=A_0$、$B_n=B_0$、$C_{n-1}=0$、$S_n=A_0+B_0=S_0$、$C_n=C_0$。当第一个时钟脉冲到来后，S_0存入累加和移位寄存器最高位，C_0存入进位触发器D端，且两个移位寄存器中的内容都向右移动一位，此时全加器输出为$S_n=A_1+B_1+C_0=S_1$、$C_n=C_1$。在第二个CP脉冲到来后，两个移位寄存器的内容又右移一位，此时全加器的输出为$S_n=A_2+B_2+C_1=S_2$、$C_n=C_2$。如此顺序进行，到第$n+1$个时钟脉冲后，不仅原先存入两个寄存器中的数已被全部移出，A、B两个数相加的和及最后的进位C_{n-1}也被全部存入累加和移位寄存器中。若需继续累加，则加数移位寄存器中需再存入新的加数。

中规模集成移位寄存器的位数往往以4位居多，当需要的位数多于4位时，可把几块移位寄存器用级联的方法来扩展位数。

四、实训内容与步骤

1．移位寄存器

步骤：用4个D触发器（74LS74）连成右移位寄存器和左移位寄存器，如图2-10-4（a）和（b）所示。接线完毕后，先置入数据0001（即在S端置低电平）也即把Q_0、Q_1、Q_2、Q_3置成0001，此时R置高电平，然后按动单次脉冲，移位寄存器实现左、右移位功能。记录数据于表2-10-2中。

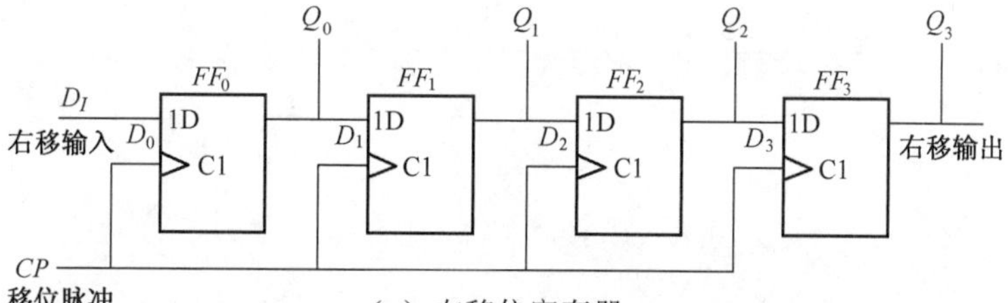

（a）右移位寄存器

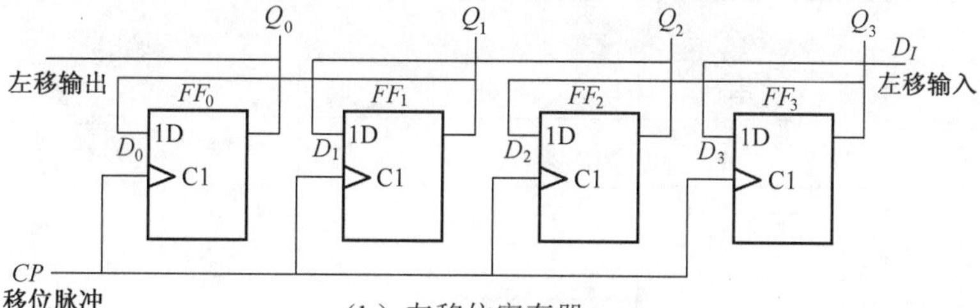

（b）左移位寄存器

图2-10-4　4位移位寄存器

表2-10-2　4位移位寄存器的测试

CP	左移	Q_0	Q_1	Q_2	Q_3	CP	右移	Q_0	Q_1	Q_2	Q_3
1						1					
2						2					
3						3					
4						4					
5						5					

2. 测试 74LS194 的逻辑功能

74LS194 的引脚如图 2-10-1 所示，其中 D_0、D_1、D_2、D_3 为并行输入端，Q_0、Q_1、Q_2、Q_3 为并行输出端，*SR* 为右移串行输入端，*SL* 为左移串行输入端，S_1、S_0 为操作模式控制端，$\overline{CR}$ 为直接无条件清零端，*CP* 为时钟脉冲输入端。并行送数寄存，右移（方向 $Q_0 \to Q_3$），左移（方向 $Q_3 \to Q_0$），保持及清零。

74LS194 逻辑功能测试

步骤：按图 2-10-5 所示连接电路，$\overline{CR}$、S_1、S_0、*SL*、*SR*、D_0、D_1、D_2、D_3 分别接至逻辑开关的输出插口。Q_0、Q_1、Q_2、Q_3 接至逻辑电平显示输入插口。*CP* 端接单次脉冲源，按表 2-10-3 所规定的输入状态，逐项进行测试并记录数据于表 2-10-3 中。

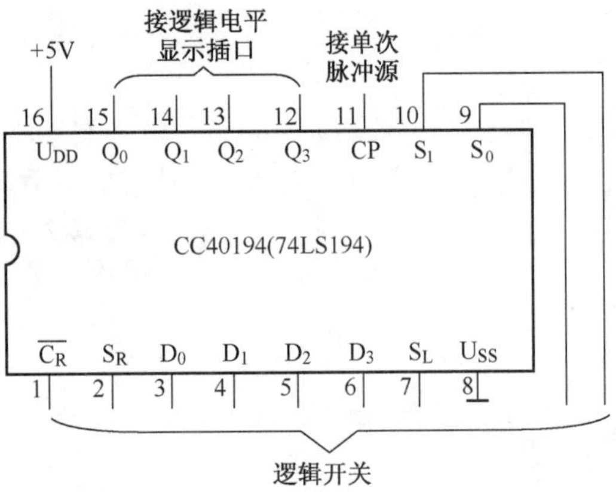

图 2-10-5 74LS194 逻辑功能测试接线图

表 2-10-3 74LS194 逻辑功能测试

输入										输出				功能总结
清除	模式		时钟	串行		并行								
$\overline{CR}$	S_1	S_0	CP	S_L	S_R	D_0	D_1	D_2	D_3	Q_0	Q_1	Q_2	Q_3	
0	×	×	×	×	×	×	×	×	×					
1	×	×	0	×	×	×	×	×	×					
1	1	1	↑	×	×	D_0	D_1	D_2	D_3					
1	0	1	↑	×	0	×	×	×	×					
1	0	1	↑	×	1	×	×	×	×					
1	1	0	↑	0	×	×	×	×	×					
1	1	0	↑	1	×	×	×	×	×					
1	0	0	↑	×	×	×	×	×	×					

3. 移位寄存器的应用

用两片 74LS194 连接成 7 位双向移位寄存器。

步骤：按图 2-10-6 所示连接电路，将第 1 片的 S_L 端接第 2 片的 Q_0 端，第 2 片的 S_R 端接

第一片的 Q_3 端，同时将两片的 S_1、S_0、$\overline{CR}$、CP 分别并联。

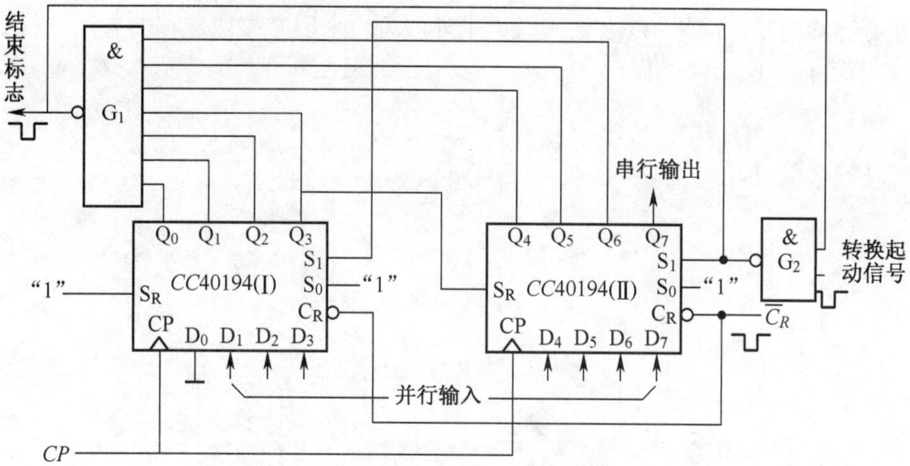

图 2-10-6　7 位双向移位寄存器

S_1、S_0 控制端：S_1S_0=00 时，输出状态保持；S_1S_0=01 时，数据右移；S_1S_0=10 时，数据左移；S_1S_0=11 时，数据（D_0、D_1、D_2、D_3）并行输出（Q_0、Q_1、Q_2、Q_3）。

将电平开关按表 2-10-4 置位，观察记录数据并填入到表 2-10-4 中。

表 2-10-4　7 位双向移位寄存器逻辑功能测试记录表

输入														输出							
清除	模式		时钟	串行		并行															
$\overline{CR}$	S_1	S_0	CP	S_L	S_R	D_0	D_1	D_2	D_3	D_4	D_5	D_6	D_7	Q_0	Q_1	Q_2	Q_3	Q_4	Q_5	Q_6	Q_7
0	1	1	↑	1	1	1	1	1	1	1	1	1	1								
1	1	1	↑	1	1	1	1	1	1	1	1	1	1								
1	0	1	↑	1	0	1	1	1	1	1	1	1	1								
1	0	1	↑	1	0	1	1	1	1	1	1	1	1								
1	0	1	↑	1	0	1	1	1	1	1	1	1	1								
1	1	0	↑	0	1	1	1	1	1	1	1	1	1								
1	1	0	↑	0	1	1	1	1	1	1	1	1	1								
1	1	0	↑	0	1	1	1	1	1	1	1	1	1								

五、实训总结

1．画出集成电路芯片引脚排列图及实训电路图。
2．记录、整理实训结果，按格式填写实训报告。

六、预习要求

1．复习寄存器有关内容。

2．查阅 74LS194、74LS74 逻辑线路，熟悉其逻辑功能及引脚排列。

3．对 74LS194 进行送数后，若要使输出端改成另外的数码，是否一定要使寄存器清零?

4．使寄存器清零，除采用 $\overline{CR}$ 输入低电平外，可否采用右移或左移的方法？可否使用并行送数法？若可行，应如何操作？

实 训 报 告

班级 姓名 学号

实训题目：
实训目的：
实训设备：
内容过程：
实训总结：

实训十一　555时基电路及其应用

一、实训目的

（1）了解555型集成定时器的电路结构和引脚功能。
（2）熟悉555型集成定时器的典型应用。

二、实训设备与器件

（1）信号源及频率计。
（2）示波器。
（3）HA17555×2。
（4）NE555×2。
（5）IN4148×2。
（6）电阻：5.1kΩ×3、10kΩ×1、100kΩ×1、1kΩ×1。
（7）电容：47μF/30V、CBB103×2、0.01μF×3、10μF×1、100μF×1。
（8）数字万用表。
（9）喇叭：8Ω/0.25W×1。
（10）发光二极管：红色。

三、实训原理

1. 555型集成定时器工作原理

集成时基电路称为集成定时器，是一种数字、模拟混合型的中规模集成电路，其应用十分广泛。它是一种产生时间延迟和多种脉冲信号的电路，由于内部电压标准使用了三个5kΩ电阻，故取名555电路。555集成定时器是一种多用途的数字-模拟混合集成电路，利用它能极方便地构成施密特触发器、单稳态触发器和多谐振荡器。由于它具有应用灵活，性能优越且价格低廉等优点，在电子产品的制作中被人们广泛使用。在实际应用中只要适当改变其外接电路，增加少量的外接器件就能得到多种多样的应用电路。定时器有双极型和CMOS两大类，两者结构和工作原理基本相似。通常双极型定时器具有较大的驱动能力，而CMOS定时器则具有功耗低、输入阻抗高等优点。图2-11-1所示为集成定时器内部逻辑图，集成定时器引脚排列如图2-11-2所示，芯片各引脚名见表2-11-1。

从定时器内部逻辑图可见，它含有两个高精度比较器A_1、A_2，一个基本RS触发器及放电晶体管T。比较器的参考电压由三只5kΩ的电阻组成的分压提供，它们分别使A_1的同相输入端和A_2的反相输入端的电位为$2/3U_{CC}$和$1/3U_{CC}$。如果在引脚5（控制电压端U_C）外加控制电压，就可以方便地改变两个比较器的比较电平；控制电压端5不用时需在该端与地之间接入约0.01μF的电容以清除外接干扰，保证参考电压稳定值。比较器A_1的反相输入端接高触发

端 T_H（脚 6），比较器 A_2 的同相输入端接低触发端 $\overline{T}_L$（脚 2），T_H 和 $\overline{T}_L$ 控制两个比较器工作，而比较器的状态决定了基本 RS 触发器的输出。基本 RS 触发器的输出：一路作为整个电路的输出（脚 3）；另一路接晶体管 T 的基极控制它的导通与截止，当 T 导通时，给接于脚 7 的电容提供低阻放电通路。

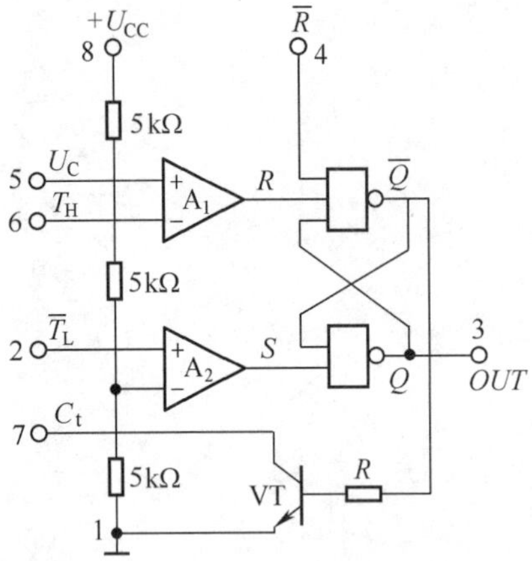

图 2-11-1　集成定时器内部逻辑图

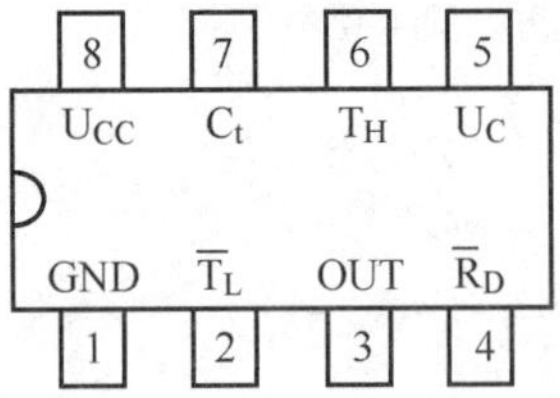

图 2-11-2　集成定时器引脚排列图

表 2-11-1　集成定时器芯片各引脚名表

引脚号	1	2	3	4	5	6	7	8
引脚名	GND	T_C	OUT	R_D	U_C	T_H	C_T	U_{CC}
	地	触发端	输出端	复位端	控制电压端	阈值端	放电端	电源端

2. 555 集成定时器的典型应用

在数字电路中常使用矩形脉冲作为信号进行信息传递，或作为时钟信号用来控制和驱动电路。单稳态触发器和施密特触发器是两种不同用途的脉冲波形、变换电路。其中单稳态触发器主要用于将宽度不符合要求的脉冲变换成符合要求的矩形脉冲。施密特触发器则主要用于将变化缓慢的或快速变化的非矩形脉冲整形成边沿陡峭的矩形脉冲。

（1）单稳态触发器。单稳态触发器具有一个稳定状态和一个暂稳状态。在外加触发脉冲作用下，电路从稳态翻转到暂稳态，经一段时间后，又自动返回稳态。暂稳态维持时间的长短取决于电路本身的参数，与外加触发脉冲的宽度和幅度无关。由于单稳态触发器具有这些特点，常用来产生具有固定宽度的脉冲信号。单稳态触发器在外来脉冲作用下，能够输出一定幅度与宽度的脉冲，输出脉冲的宽度就是暂稳态的持续时间 t_w。

图 2-11-3 所示为由 555 定时器和外接定时元件 R、C 构成的单稳态触发器。触发电路由 C_1、R_1、D 构成，其中 D 为钳位二极管，稳态时 555 电路输入端处于电源电平，内部放电开关管 T 导通，输出端 F 输出低电平，当有一个外部负脉冲触发信号经 C_1 加到 2 端，并使 2 端电位瞬时低于 $\frac{1}{3}U_{CC}$，低电平比较器动作，单稳态电路即开始一个暂态过程，电容 C 开始充电，V_C 按指数规律增长。当 U_C 充电到 $\frac{2}{3}U_{CC}$ 时，高电平比较器动作，比较器 A_1 翻转，输

出 U_o 从高电平返回低电平，放电开关管 T 重新导通，电容 C 上的电荷很快经放电开关管放电，暂态结束，恢复稳态，为下个触发脉冲的来到做好准备。单稳态触发器的工作波形如图 2-11-4 所示。

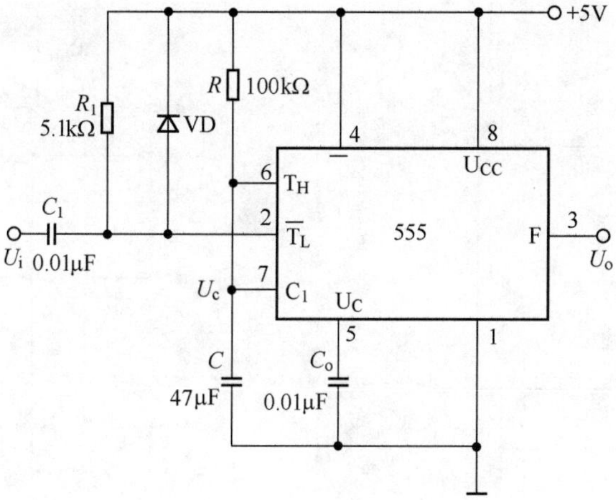

图 2-11-3　555 定时器构成单稳态触发器

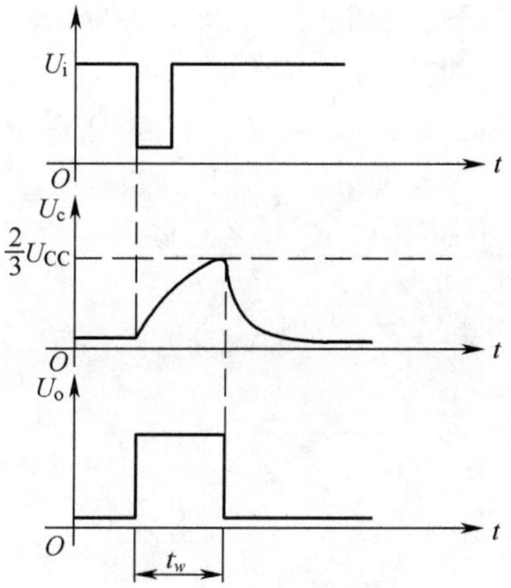

图 2-11-4　单稳态触发器的工作波形图

暂稳态的持续时间 t_w（即延时时间）取决于外接元件 R、C 值的大小。

$$t_w=1.1RC$$

通过改变 R、C 的大小，可使延时时间在几个微秒到几十分钟之间变化。当这种单稳态电路作为计时器时，可直接驱动小型继电器，并可以使用复位端（4 脚）接地的方法来中止暂态，重新计时。此外尚须用一个续流二极管与继电器线圈并接，以防继电器线圈反电势损坏内部功率管。

（2）构成多谐振荡器。如图 2-11-5 所示，由 555 定时器和外接元件 R_1、R_2、C构成多谐振荡器，脚 2 与脚 6 直接相连。电路没有稳态，仅存在两个暂稳态，电路亦不需要外加触发信号，利用电源通过 R_1、R_2 向 C 充电，以及 C 通过 R_2 向放电端 C_t 放电，使电路产生振荡。电容

C 在 $\frac{1}{3}U_{CC}$ 和 $\frac{2}{3}U_{CC}$ 之间充电和放电，其波形如图 2-11-6 所示。输出信号的时间参数是：

$$T=t_{w1}+t_{w2}，t_{w1}=0.7(R_1+R_2)C，t_{w2}=0.7R_2C$$

555 电路要求 R_1 与 R_2 均应大于或等于 1kΩ，但 R_1+R_2 应小于或等于 3.3MΩ。

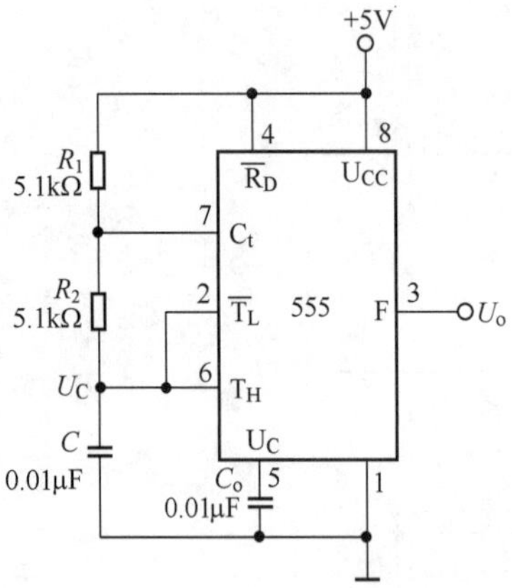

图 2-11-5 555 定时器构成多谐振荡器

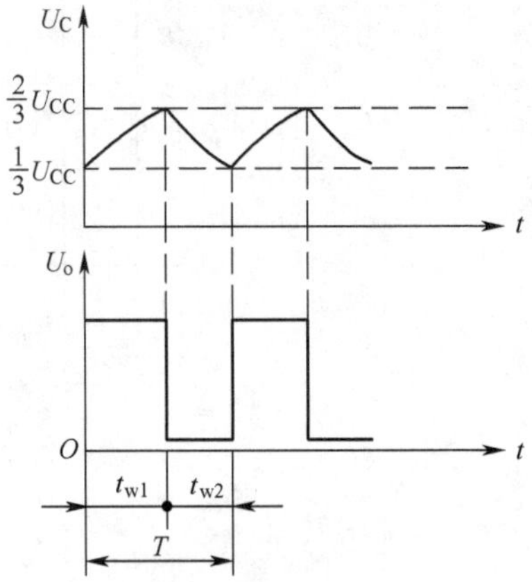

图 2-11-6 多谐振荡器工作波形图

外部元件的稳定性决定了多谐振荡器的稳定性，555 定时器配以少量的元件即可获得较高精度的振荡频率和具有较强的功率输出能力，因此这种形式的多谐振荡器应用很广。

（3）组成。占空比可调的多谐振荡器电路如图 2-11-7 所示，它比图 2-11-5 所示电路增加了一个电位器和两个导引二极管（VD_1 和 VD_2）。VD_1、VD_2 用来决定电容充、放电电流流经电阻的途径（充电时 VD_1 导通，VD_2 截止；放电时 VD_2 导通，VD_1 截止）。

占空比 $$P=\frac{t_{w1}}{t_{w1}+t_{w2}}\approx\frac{0.7R_AC}{0.7C(R_A+R_B)}=\frac{R_A}{R_A+R_B}$$

可见，若取 $R_A=R_B$，电路即可输出占空比为 50%的方波信号。

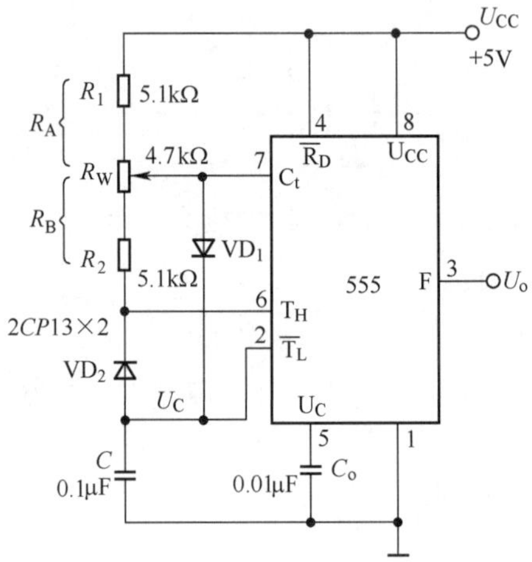

图 2-11-7 占空比可调的多谐振荡器

（4）组成占空比连续可调并能调节振荡频率的多谐振荡器。占空比与频率均可调的多谐振荡器电路如图 2-11-8 所示。对 C_1 充电时，充电电流通过 R_1、VD_1、R_{W2} 和 R_{W1}；放电时电

流通过 R_{W1}、R_{W2}、VD_2、R_2。当 $R_1=R_2$、R_{W2} 调至中心点时，因充放电时间基本相等，其占空比约为 50%，此时调节 R_{W1} 仅改变频率，占空比不变。如 R_{W2} 调至偏离中心点，再调节 R_{W1}，不仅振荡频率改变，而且对占空比也有影响。R_{W1} 不变，调节 R_{W2}，仅改变占空比，对频率无影响。因此，当接通电源后，应首先调节 R_{W1}，使频率至规定值，再调节 R_{W2}，以获得需要的占空比。若频率调节的范围比较大，还可以用波段开关改变 C_1 的值。

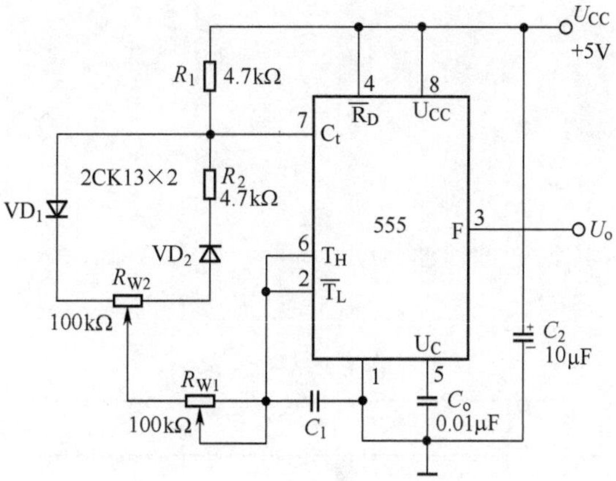

图 2-11-8　占空比与频率均可调的多谐振荡器

（5）组成施密特触发器。施密特触发器电路如图 2-11-9 所示，只要将脚 2、6 连在一起作为信号输入端，即得到施密特触发器。V_S、V_i 和 V_O 的波形变换如图 2-11-10 所示。

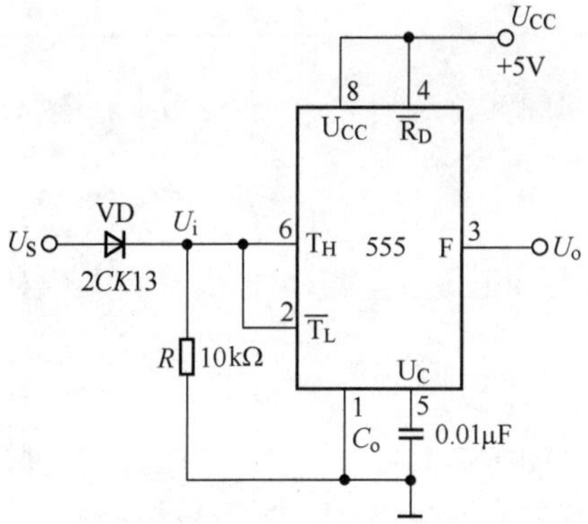

图 2-11-9　施密特触发器

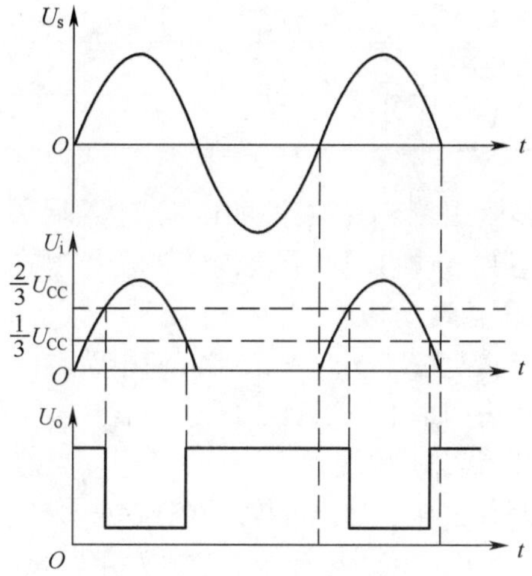

图 2-11-10　波形变换图

设被整形变换的电压为正弦波 U_s，其正半波通过二极管 VD 同时加到 555 定时器的 2 脚和 6 脚，得 U_i 为半波整流波形。当 U_i 上升到 $\frac{2}{3}U_{CC}$ 时，U_o 从高电平翻转为低电平；当 U_i 下降到 $\frac{1}{3}U_{CC}$ 时，U_o 又从低电平翻转为高电平。电路的电压传输特性曲线如图 2-11-11 所示。

回差电压：$\Delta U=\frac{2}{3}U_{CC}-\frac{1}{3}U_{CC}=\frac{1}{3}U_{CC}$

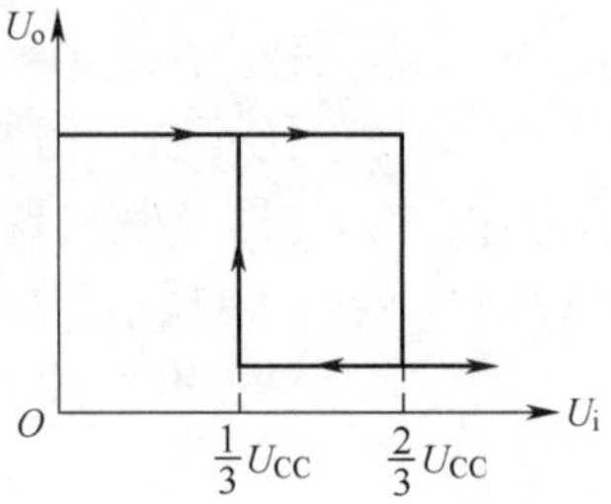

图 2-11-11 电压传输特性曲线

四、实训内容与步骤

1. 单稳态触发器

步骤 1： 按图 2-11-3 连接实训线路。U_{CD} 接+5V 电源，输入信号 u_i 由单次脉冲源提供，用双踪示波器观察并记录 u_i、u_c、u_o 波形，标出幅度与暂稳时间，填于表 2-11-2 中序号 1 中。

表 2-11-2 输入输出波形

序号	名称	波形
1	u_i	
	u_c	
	u_o	
2	u_i	
	u_c	
	u_o	
3	u_o	

步骤 2： 将 C_T 改为 0.01μF，输入端送 1kHz 连续脉冲，观察并记录 u_i、u_c、u_o 波形，标出幅度与暂稳时间，填于表 2-11-2 序号 2 中。

2. 多谐振荡器

步骤： 按图 2-11-5 连接实训电路。用示波器观察并记录 u_o 波形，标出幅度和周期填于表 2-11-2 序号 3 中。

555 定时器构成多谐振荡器

3. 模拟声光电路

两片 555 定时器可构成变音信号发生器，其电路如图 2-11-12 所示。它能按一定规律发出两种不同的声音。这种变音信号发生器是由两个多谐振荡器组成。一个振荡频率较低，另一个振荡频率受其控制。适当调整电路参数，使声音达到满意的效果。

步骤 1： 按图 2-11-12 搭接电路，其中左边 555（1）芯片的 3 引脚和右边 555（2）芯片的 5 引脚的 5.1kΩ 电阻暂时不接，右边 555（2）芯片的 5 引脚接法和左边 555（1）芯片一样，接 0.01μF 电容到地。

步骤 2： 用示波器分别测量并记录两个 555 芯片的 3 引脚的输出波形。

步骤 3： 将左边 555（1）芯片的 3 引脚和右边 555（2）芯片的 5 引脚之间的 5.1kΩ 电阻接上，将右边 555（2）芯片的 5 引脚接的 0.01μF 电容去除。

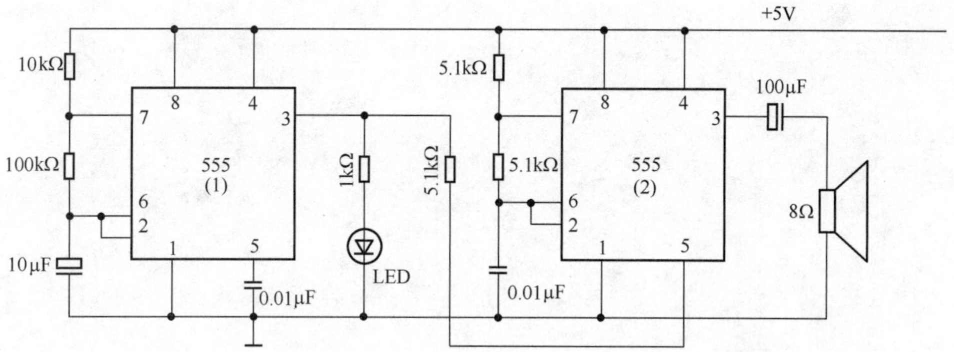

图 2-11-12 模拟报警音响电路

步骤 4：用示波器测量并记录右边 555（2）芯片 3 引脚的输出波形。

五、实训报告

1．定量画出实训所要求记录的各点波形。
2．记录、整理实训结果，按格式填写实训报告。
3．整理实训数据，分析实训结果与理论计算结果的差异，并进行分析讨论。

六、预习要求

1．掌握定时器相关知识。
2．熟悉 555 定时器各引脚的功能。

实 训 报 告

班级　　　　　　姓名　　　　　　学号

实训题目：
实训目的：
实训设备：
内容过程：
实训总结：

综合设计一　数字频率计

一、实训目的

（1）熟悉用中规模集成电路进行时序逻辑电路和组合逻辑电路设计的方法。
（2）掌握整形、锁存、译码器、计数器、显示电路设计方法。

二、实训设备与器件

（1）DZX-2 型电子学综合实训装置。
（2）单次脉冲源。
（3）双踪示波器。
（4）连续脉冲源。
（5）CD4518（二-十进制同步计数器）×3。
（6）CD4511（七段码译码器）×3。
（7）CC4013（双 D 型触发器）×1。
（8）CD4011（2 输入四与非门）×2。
（9）1N4148×1。
（10）电阻：100kΩ×1、5.1kΩ×1。
（11）电容：20μF/15V×1、1μF/63V×1。

三、实训原理与方案

脉冲信号的频率就是在单位时间内所产生的脉冲个数，其表达式为 $f=N/T$，其中 f 为被测信号的频率，N 为计数器所累计的脉冲个数，T 为产生 N 个脉冲所需的时间。计数器所记录的结果就是被测信号的频率。如在 1s 内记录 1000 个脉冲，则被测信号的频率为 1000Hz。

1. 整体电路设计原理

简单易制的数字频率计的原理方框图如图 Z-1-1 所示，设计整体线路图如图 Z-1-2 所示。

被测频率的输入信号经放大整形后变成矩形脉冲加到主控门的输入端。如果被测信号为方波，放大整形电路可以不要，将被测信号直接加到主控门的输入端。时基信号经控制电路产生闸门信号至主控门，只有在闸门信号采样期间（时基信号的一个周期），输入信号才通过主控门。若时基信号的周期为 T，进入计数器的输入脉冲数为 N，则被测信号的频率 $f=N/T$，改变时基信号的周期 T 即可得到不同的测频范围。当主控门关闭时，计数器停止计数，显示器显示记录结果。此时控制电路输出一个置零信号，经延时、整形电路的延时，当达到所调节的延时时间时，延时电路输出一个复位信号，使计数器和所有的触发器置 0，为后续新的一次取样做好准备，即能锁住一次显示的时间，保留到接受新的一次取样为止。

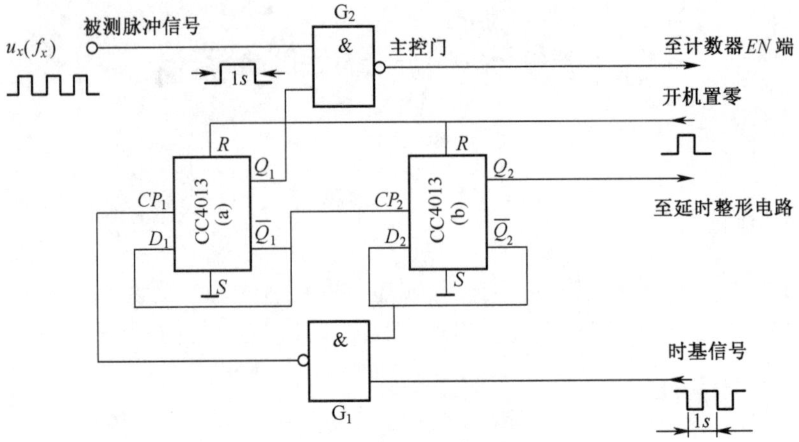

图 Z-1-1 数字频率计原理框图

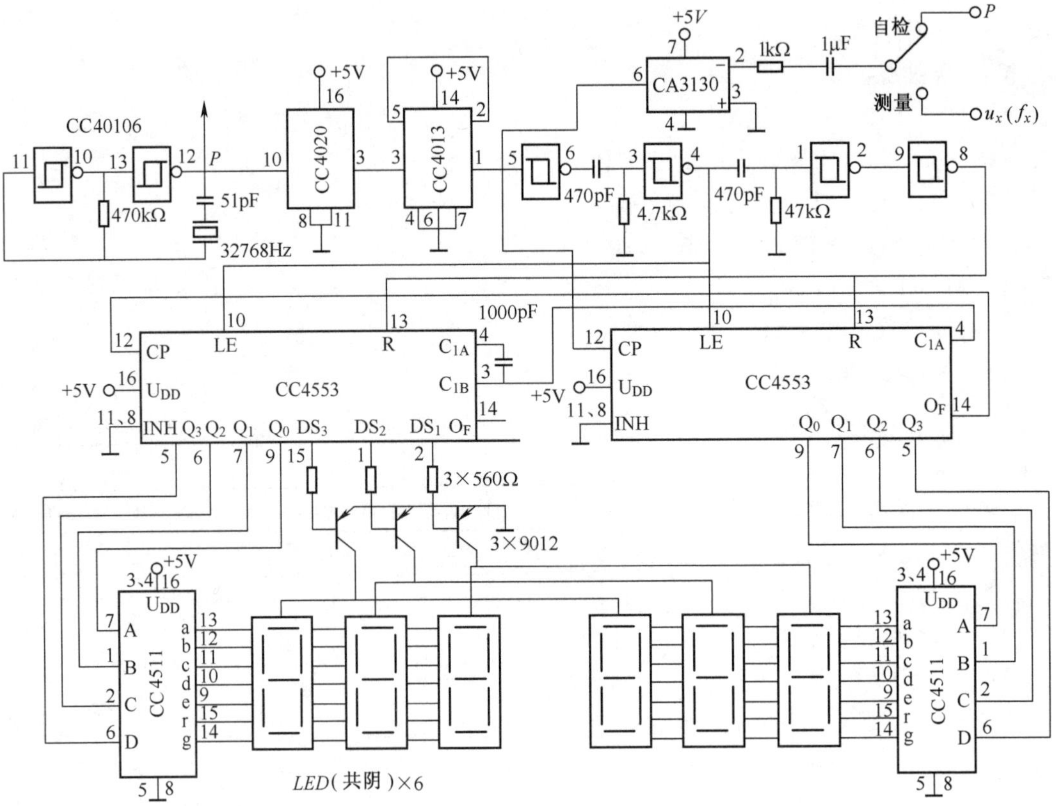

图 Z-1-2 数字频率计线路图

2. 有关单元电路的设计及工作原理

（1）控制电路。控制电路及主控门电路如图 Z-1-3 所示。

主控电路由双 D 触发器 CC4013 及与非门 CD4011 构成。CC4013（a）的任务是输出闸门控制信号，以控制主控门 G_2 的开启与关闭。当给与非门 G_1 输入一个时基信号的下降沿时，G_1 就输出一个上升沿，则 CC4013（a）的 Q_1 端就由低电平变为高电平，将主控门 G_2 开启。允许被测信号通过该主控门并送至计数器输入端进行计数。1s 后，又给与非门 1 输入一个时基信号的下降沿，与非门 1 输出端又产生一个上升沿，使 CC4013（a）的 Q_1 端变为低电平，将主控门关闭，使计数器停止计数，同时 $\overline{Q}_1$ 端产生一个上升沿，使 CC4013（b）翻转成 Q_2=1，$\overline{Q}_2$=0，由于 $\overline{Q}_2$=0，它立即封锁与非门 1，不再让时基信号进入 CC4013（a），保证在显示读数的时间内 Q_1 端始终保持低电平，使计数器停止计数。

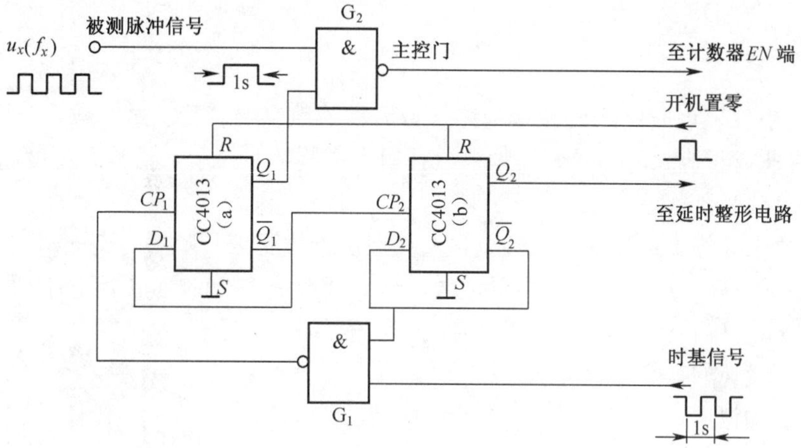

图 Z-1-3　控制电路及主控电路

停止计数时，利用 Q_2 端的上升沿送到下一级的延时、整形单元电路。当到达所调节的延时时间时，延时电路输出端立即输出一个正脉冲，将计数器和所有 D 触发器全部置 0。复位后，Q_1=0，$\overline{Q}_1$=1，为下一次测量做好准备。当时基信号又产生下降沿时，则重复上述过程。

（2）延时电路。延时电路由 D 触发器 CC4013(c)、积分电路（由电位器 R_{W1} 和电容器 C_2 组成）和非门 G_3 组成，如图 Z-1-4 所示。

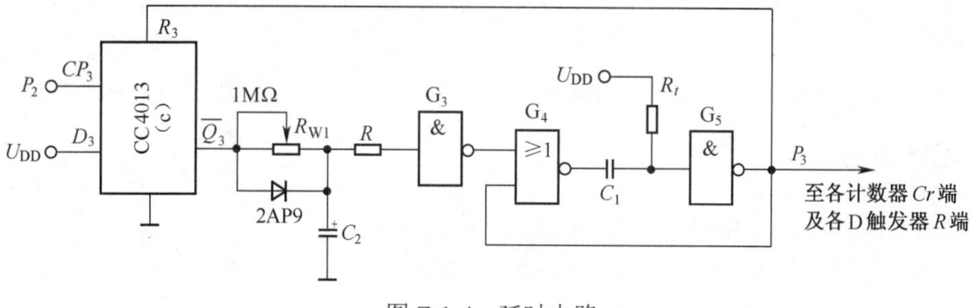

图 Z-1-4　延时电路

（3）微分、整形电路。微分、整形电路如图 Z-1-5 所示。CC4013（b）Q_2 所产生的上升沿经微分电路后送到由与非门 CC4011 组成的斯密特整形电路的输入端，在其输出端可得到一个边沿十分陡峭且具有一定脉冲宽度的负脉冲和一个边沿十分陡峭且具有一定脉冲宽度的正脉冲，然后再送至各 D 触发器复位端。

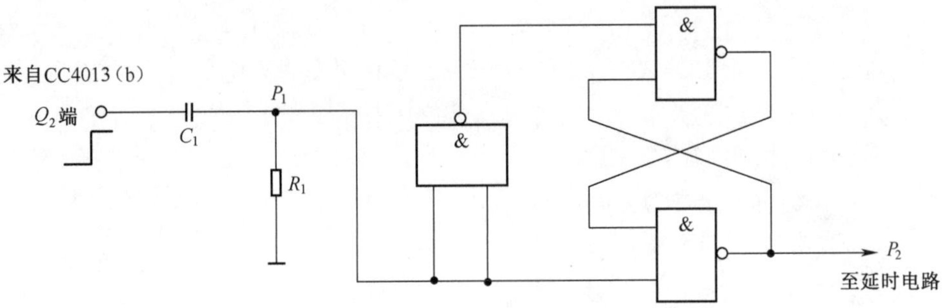

图 Z-1-5 微分整形电路

四、安装与调试

使用中、小规模集成电路设计与制作一台简易的数字频率计。数字频率计用于测量信号（方波、正弦波或其他脉冲信号）的频率，并用十进制数字显示。它具有精度高、测量迅速、读数方便等优点。

（1）计数为 6 位十进制数。计数位数主要取决于被测信号频率的高低，如果被测信号频率较高，精度又较高，可相应增加显示位数。最大读数是 1MHz，闸门信号的采样时间为 1s。采用七段 LED 数码管显示读数。被测信号为方波信号。

（2）画出设计的数字频率计的电路总图。

（3）组装和调试。

1）时基信号通常使用实训设备上脉冲信号源输出的 1Hz 方波信号。

2）按设计的数字频率计逻辑图在实训装置上布线。

3）用周期为 1s 的信号作为控制电路的时基信号输入，用周期等于 1ms 的信号作为被测信号，用示波器观察和记录控制电路输入、输出波形，检查控制电路所产生的各控制信号能否按正确的时序要求控制各个子系统。使周期为 1s 的信号进入各计数器的 *CP* 端。用发光二极管指示检查各计数器的工作是否正常。用周期为 1s 的信号作为延时、整形单元电路的输入，用两只发光二极管作为指示检查延时、整形单元电路的输入，用两只发光二极管作为指示检查延时、整形单元电路的工作是否正常。若各个子系统的工作都正常了，再将各子系统连起来进行统一调试。

（4）调试合格后，写出综合实训报告。

五、实训总结

1．绘制好整体框图、电路图，写出电路的调试步骤。

2．记录、整理实训结果，按格式填写实训报告。

综合设计二　四人抢答器装置

一、实训目的

（1）对数字电路各单元电路的综合运用。

（2）熟悉抢答器的工作原理。

（3）掌握数字电路调试及故障排除的方法。

二、实训设备与器件

（1）数字实训电路装置。

（2）数字万用表。

（3）双踪示波器。

（4）74LS175、74LS20、74LS74、74LS00、74LS04。

（5）电容：0.1μF。

三、实训原理与方案

图 Z-2-1 为供四人用的智力竞赛抢答装置线路，其功能为判断抢答优先权。

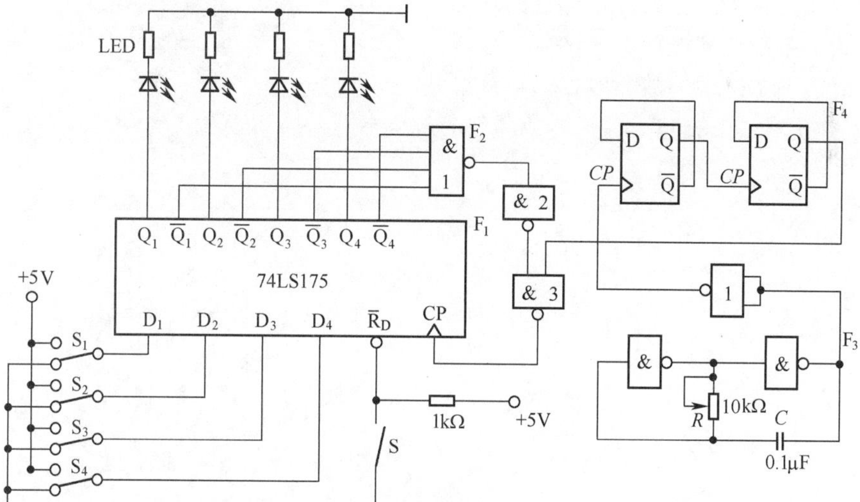

图 Z-2-1　智力竞赛抢答装置原理图

图中 F_1 为四 D 触发器 74LS175，它具有公共置 0 端和公共 *CP* 端，引脚排列见附录；F_2 为双 4 输入与非门 74LS20；F_3 是由 74LS00 组成的多谐振荡器；F_4 是由 74LS74 组成的四分频电路。F_3、F_4 组成抢答电路中的 *CP* 时钟脉冲源，抢答开始时，由主持人清除信号，按下复位开关 S，74LS175 的输出 Q_1～Q_4 全为 0，所有发光二极管 LED 均熄灭；“抢答开始”后，首先作出判断的参赛者立即按下开关，对应的发光二极管点亮，同时，通过与非门 F_2 送出信号锁住其余三个抢答者的电路，不再接受其他信号，直到主持人再次清除信号为止。

四、安装与调试

设计四人用的智力竞赛抢答器。

（1）测试各触发器及各逻辑门的逻辑功能。测试方法参照前述相关实训内容，判断器件的好坏。

（2）按图 Z-2-1 接线，抢答器五个开关按实训装置上的逻辑开关、发光二极管接逻辑电平显示器。

（3）断开抢答器电路中 *CP* 脉冲源电路，单独对多谐振荡器 F_3 及分频器 F_4 进行调试，调整多谐振荡器 10kΩ 电位器，使其输出脉冲频率约 4kHz，观察 F_3 及 F_4 输出波形并测试其频率。

（4）测试抢答器电路功能。接通+5V 电源，*CP* 端接实训装置上连续脉冲源，取重复频率约 1kHz。

1）抢答器开始工作前，开关 S_1～S_4 均置“0”；准备抢答，将开关 S 置“0”，发光二极管全熄灭，再将 S 置“1”；抢答开始，S_1～S_4 某一开关置“1”，观察发光二极管的亮、灭情况，然后再将其他三个开关中任一个置“1”，观察发光二极管的亮、灭是否有改变。

2）重复 1）的内容，改变 S_1～S_4 任意一个开关状态，观察抢答器的工作情况。

3）进行整体测试。断开实训装置上的连续脉冲源，接入 F_3 及 F_4，再进行实训。

五、实训总结

1．分析智力竞赛抢答装置各部分的功能及工作原理。

2．总结数字系统的设计、调试方法。

3．分析实训中出现的故障并找出解决办法。

注意：如没有 74LS175，可用其他类型的触发器代替，并将 CP 端和置 0 端连接在一起。

综合设计三　3位半直流数字电压表

一、实训目的

（1）了解双积分式 A/D 转换器的工作原理。
（2）熟悉 4 位半 A/D 转换器 7135 的性能及其引脚功能。
（3）掌握用 7135 构成直流数字电压表的方法。

二、实训设备与器件

（1）±5V 直流电源。
（2）双踪示波器（自备）。
（3）直流数字电压表。
（4）CL7135×1。
（5）74LS247×1。
（6）LM555×1。
（7）9014×5。
（8）LM336-2.5V×1。
（9）1N4148×1。
（10）7 段数码管×4。
（11）电阻：100×5Ω、150×7Ω、200×1Ω、1kΩ×2、3.3kΩ×1、4.7kΩ×1、15kΩ×1、100kΩ×1、1kΩ 电位器×1。
（12）电容：300pF×1、0.1μF×2、0.47μF×1、1μF×2、47μF/25V×1。

三、实训原理与方案

直流数字电压表的核心器件是一个间接型 A/D 转换器，它首先将输入的模拟电压信号变成易于准确测量的时间量。然后在这个时间宽度里用计数器计时，计数结果就是输入模拟电压信号的数字量。

1. V-T 变换型双积分 A/D 转换器

图 Z-3-1 是双积分 ADC 的控制逻辑框图。它由积分器（包括运算放大器 A_1 和 RC 积分网络）、过零比较器 A_2、N 位二进制计数器、开关控制电路、门控电路、参考电压 V_R 与时钟脉冲源 CP 组成。

转换开始前，先将计数器清零，并通过控制电路使开关 S_O 接通，将电容 C 充分放电。由于计数器进位输出 Q_C=0，控制电路使开关 S 接通 U_i，模拟电压与积分器接通，同时，门 G 被封锁，计数器不工作。积分器输出 U_A 线性下降，经零值比较器 A_2 获得方波 U_C，打开门 G，计数器开始计数，当输入 2^m 个时钟脉冲后 $t=T_1$，各触发器输出端 $D_{n-1}\sim D_0$ 由 111…1 回到

000⋯0，其进位输出Q_C=1，作为定时控制信号，通过控制电路将开关 S 转换至基准电压源U_R，积分器向相反方向积分，U_A 开始线性上升，计数器重新从 0 开始计数，直到 t=T_2，U_A 下降到 0，比较器输出的正方波结束，此时计数器中暂存的二进制数字就是U_i 相对应的二进制数码。

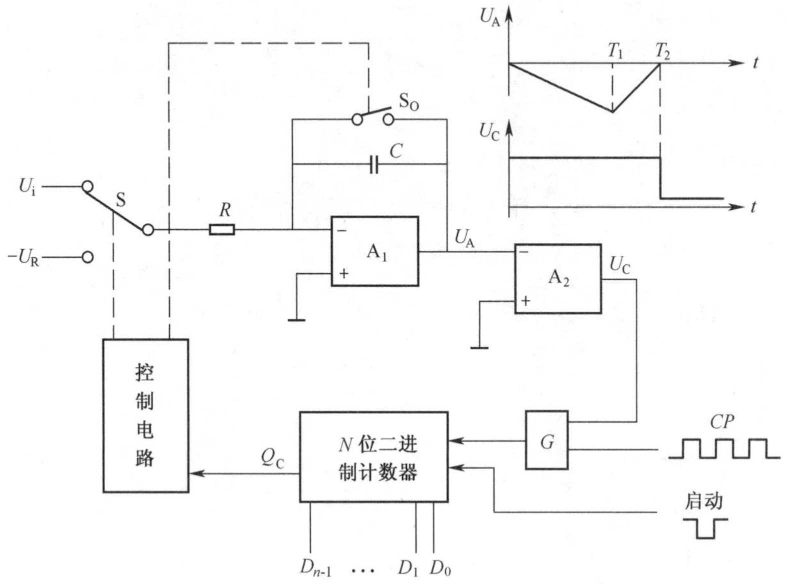

图 Z-3-1　双积分 ADC 原理图

2. 4 位半双积分 A/D 转换器 7315 的性能特点

7135 是采用 CMOS 工艺制作的单片 4 1/2 位 A/D 转换器，只要附加译码器、数码显示器、驱动器及电阻电容等元件，就可组成一个满量程为 2V 的数字电压表。7135 的主要特点如下：

（1）在每次 A/D 转换前，内部电路都自动进行调零操作。

（2）在±2000 字（2V 满量程）范围内，保证转换精度±1 字。

（3）具有自动极性转换功能。

（4）输出电流的典型值为 1PA。

（5）所有输出端和 TTL 电路相容。

（6）有过量程（OR）和欠量程（UR）标志信号输出，可用作自动量程转换的控制信号。

（7）输出为动态扫描 BCD 码。

（8）对外提供六个输入、输出控制信号（R/H、BUSH、ST、POL、OR、UR），因此除用于数字电压表外，还能与异步接收/发送器、微处理器或其他控制电路连接使用。

（9）采用 28 外引线双列直插式封装，外引线功能端排列如图 Z-3-2 所示。

各外引线功能端文字符号说明如下：

- V– ——负电源端
- V_{ref}+——外接基准电压输入端
- COM——模拟地
- INT——积分器输出，外接积分电容（Cint）端
- C_{az}——外接调零电容端

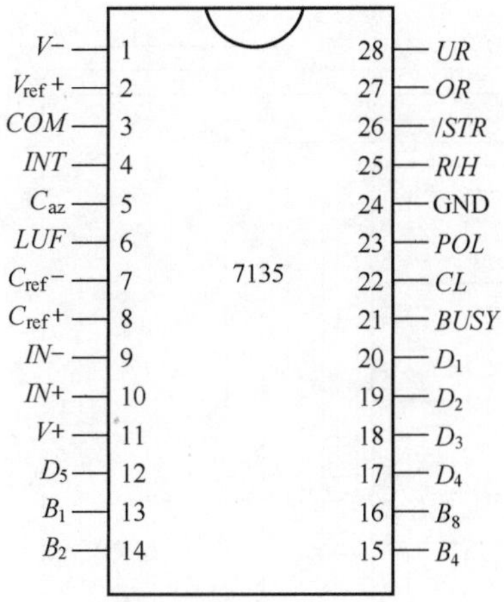

图 Z-3-2　7135 引脚排列

- LUF——缓冲器输出，外接积分电阻（Rint）端
- C_{ref}+、C_{ref}−——外接基准电压电容（Cr）端
- IN−、IN+——被测电压（低、高）输入端
- V+——正电源端
- D_5、D_4、D_3、D_2、D_1——位扫描选通信号输出端，其中 D_5（MSD）对应万位数选通，其余依次为 D_4、D_3、D_2、D_1（LSD，个位）
- B_8、B_4、B_2、B_1——BCD 码输出端，采用动态扫描方式输出
- BUSY——指示积分器处于积分状态的标志信号输出端
- CL——时钟信号输入端
- GND——数字电路接地端
- R/H——转换/保持控制信号输入端
- /STR——选通信号输出端，主要用作外部寄存器存放转换结果的选通控制信号
- OR——过量程信号输出端
- UR——欠量程信号输出端

在电路内部，CL 和 R/H 两个输入端上分别设置了非门和场效应管的输入电路，以保证该两端在悬空时为高电平。

V+ = +5V，V− =−5V，TA=25℃，时钟频率为 120kHz 时，每秒可转换 3 次。功耗 1000mW（MAX）；V+ =+6V（MAX）；V− =−6V（MAX）。

3．3 位半直流数字电压表的组成（实训线路）

3 位半直流数字电压表的线路结构如图 Z-3-3 所示。

四、安装与调试

本实训要求按图 Z-3-3 组装并调试好一台 3 位半直流数字电压表，实训时应一步步地进行。

1．数码显示部分的组装与调试

（1）建议将 4 只数码管插入 40P 集成电路插座上，将 4 个数码管同名笔划段与显示译码的相应输出端连在一起，其中最高位只要将 b、c、g 三笔划段接入电路，按图 Z-3-3 接好连线，但暂不插所有的芯片（待用）。

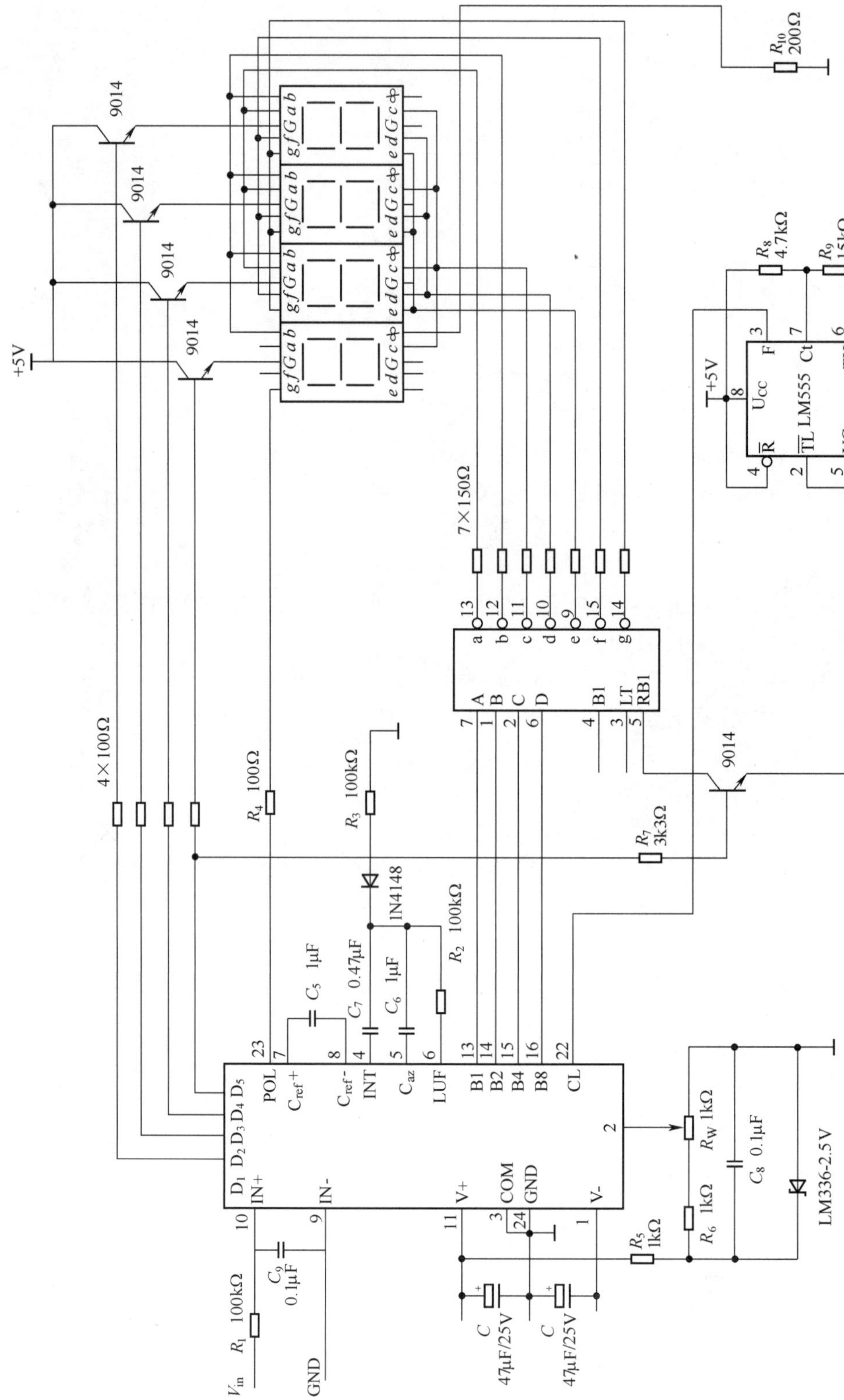

图 Z-3-3　3 位半直流数字电压表线路图

（2）插好芯片 74LS247，并将 74LS247 的输入端 A、B、C、D 接至拨码开关对应的 A、B、C、D 四个插口处。按图 Z-3-3 连接 7 端数码管和 9014，并将 9014 的基极串联电阻后接至+5V。

（3）接通电源，拨动码盘（按“+”或“–”键）自 0 至 9 变化，检查数码管是否按码盘的指示值变化，检查译码显示是否正常。

（4）如果所有数码管显示正常，则去掉数字译码显示部分的电源，备用。

2. 时钟信号部分的组装与调试

插上芯片 LM555，并按图 Z-3-3 连接线路。接通电源，用示波器观察输出是否为 100kHz 方波。

3. 组装总调

（1）插好芯片 ICL7135，按图 Z-3-3 接好全部线路。

（2）将输入端接地，接通+5V、–5V 电源（先接好地线），此时显示器将显示“000”值，如果不是，应检测电源正负电压。用示波器测量、观察 D_1～D_5，B_1～B_8 波形，判别故障所在。

（3）用电阻、电位器构成一个简单的输入电压 V_X 调节电路，调节电位器，4 位数码将相应变化，然后进入下一步精调。

（4）用标准数字电压表（或用数字万用表）测量输入电压，调节电位器，使 $V_X = 1.000$V，这时被调电路的电压指示值不一定显示“1.000”，应调整电位器 R_W，使指示值与标准电压表误差个位数在 5 之内。

（5）改变输入电压 V_X 极性，使 $V_i = -1.000$V，检查“–”是否显示，并按（4）方法校准显示值。

（6）在–1.999V～+1.999V 量程内再一次仔细调整（调基准电源电压），使全部量程内的误差个位数在 5 之内。

至此，一个测量范围在±1.999V 的 3 位半直流数字电压表调试成功。

4. 记录数据

记录输入电压为±1.999V，±1.500V，±1.000V，±0.500V，±0.000V 时（标准数字电压表的读数）被调数字电压表的显示值，将其列表记录。

5. 扩展

如何用自制数字电压表测量正、负电源电压？试设计扩量程电路。

五、实训总结

1. 绘出 3 位半直流数字电压表的电路接线图。
2. 阐明组装、调试步骤。
3. 说明调试过程中遇到的问题和解决的方法。
4. 简述组装、调试数字电压表的心得体会。

综合设计四　电子秒表设计

一、实训目的

（1）学习数字电路中基本 RS 触发器、单稳态触发器、时钟发生器及计数、译码显示等单元电路的综合应用。

（2）学习电子秒表的调试方法。

二、实训设备及器件

（1）数字电子技术实训箱或实训台。

（2）双踪示波器。

（3）直流数字电压表。

（4）数字频率计。

（5）74LS00×2、555×1、74LS196×3。

（6）电位器、电阻、电容。

三、实训原理与方案

图 Z-4-1 为电子秒表的电路原理图。按功能分成四个单元电路进行分析。

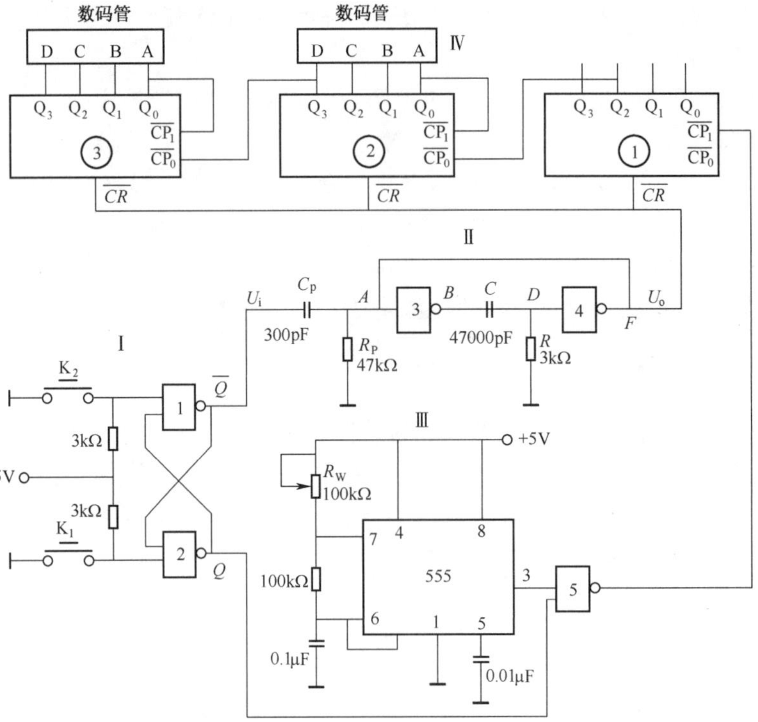

图 Z-4-1　电子秒表原理图

1. 基本 RS 触发器

图 Z-4-1 中单元 I 为用集成与非门构成的基本 RS 触发器，属低电平直接触发的触发器，有直接置位、复位的功能。它的一路输出 $\overline{Q}$ 作为单稳态触发器的输入，另一路输出 Q 作为与非门 5 的输入控制信号。

按动按钮开关 K_2（接地），则门 1 输出 $\overline{Q}$=1，门 2 输出 Q=0；K_2 复位后 Q、$\overline{Q}$ 状态保持不变。按动按钮开关 K_1，则 Q 由 0 变为 1，门 5 开启，为计数器启动做好准备，$\overline{Q}$ 由 1 变 0，送出负脉冲，启动单稳态触发器工作。

基本 RS 触发器在电子秒表中的职能是启动和停止秒表的工作。

2. 单稳态触发器

图 Z-4-1 中单元 II 为用集成与非门构成的微分型单稳态触发器，图 Z-4-2 为各点波形图。

单稳态触发器的输入端触发负脉冲信号 U_i 由基本 RS 触发器 $\overline{Q}$ 提供，输出负脉冲 U_o 通过非门加到计数器的清除端 R。

静态时，门 4 应处于截止状态，故电阻 R 必须小于门的关门电阻 R_{off}。定时元件 RC 取值不同，输出脉冲宽度也不同。当触发脉冲宽度小于输出脉冲宽度时，可以省去输入微分电路的 R_p 和 C_p。

单稳态触发器在电子秒表中的职能是为计数器提供清零信号。

3. 时钟发生器

图 Z-4-1 中单元 III 为用 555 定时器构成的多谐振荡器，是一种性能较好的时钟源。

调节电位器 R_W，使在输出端 3 获得频率为 50Hz 的矩形波信号，当基本 RS 触发器 Q=1 时，门 5 开启，此时 50Hz 脉冲信号通过门 5 作为计数脉冲加于计数器①的计数输入端 $\overline{CP_1}$。

4. 计数及译码显示

二-五-十进制加法计数器 74LS196 构成电子秒表的计数单元，如图 Z-4-1 中所示。其中，计数器①接成五进制形式，对频率为 50Hz 的时钟脉冲进行五分频；在输出端 Q_3 取得周期为 0.1s 的矩形脉冲，作为计数器②的时钟输入；计数器②及计数器③接成 8421 码十进制形式，其输出端与译码显示单元的相应输入端连接，可显示 0.1～0.9s；1～9.9s 计量。

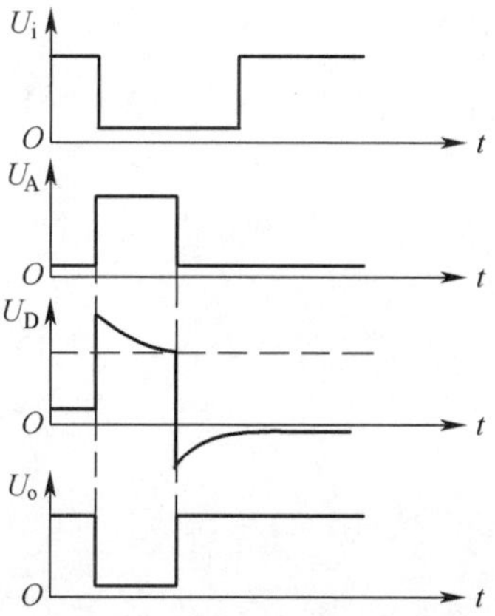

图 Z-4-2　单稳态触发器波形图

图 Z-4-3 为 74LS196 引脚排列，表 Z-4-1 为其功能表。

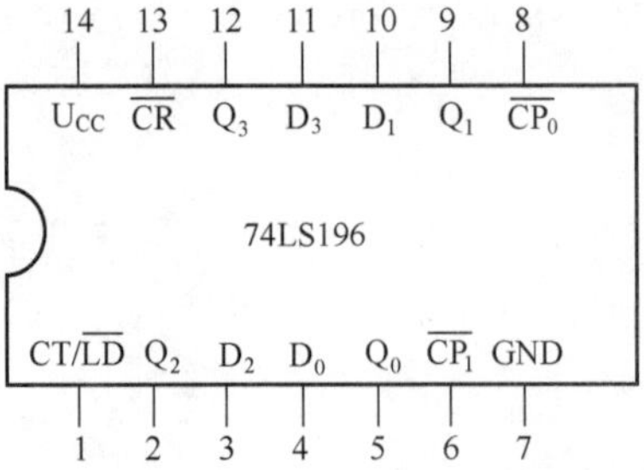

图 Z-4-3 74LS196 引脚排列图

表 Z-4-1 74LS196 功能表

输入							输出			
$\overline{CR}$	$CT/\overline{LD}$	$\overline{CP}$	D_3	D_2	D_1	D_0	Q_3	Q_2	Q_1	Q_0
0	×	×	×	×	×	×	0	0	0	0
1	0	×	d_3	d_2	d_1	d_0	d_3	d_2	d_1	d_0
1	1	↓	×	×	×	×	加计数			

异步清除端$\overline{CR}$为低电平时，可完成清除功能，与时钟脉冲$\overline{CP_0}$、$\overline{CP_1}$状态无关；清除功能完成后，应将$\overline{CR}$端置高电平。计数/置数控制端$CT/\overline{LD}$为低电平时，输出端$Q_3 \sim Q_0$可预置成与数据输入端$D_3 \sim D_0$相一致的状态，而与$\overline{CP_0}$、$\overline{CP_1}$状态无关；预置后将控制端$CT/\overline{LD}$置为高电平。

计数时，$\overline{CR}$、$CT/\overline{LD}$置高电平，在$\overline{CP_0}$、$\overline{CP_1}$下降沿作用下进行计数。

- 十进制数（8421 码）：$\overline{CP_1}$与Q_0连接，计数脉冲由$\overline{CP_0}$输入。
- 二-五混合进制计数：$\overline{CP_0}$与Q_3连接，计数脉冲由$\overline{CP_1}$输入。
- 二分频、五分频计数：$\overline{CP_1}$输入，在Q_1得五分频输出，在Q_2得五分频输出。

四、安装与调试

由于实训电路中使用器件较多，实训前必须合理安排各器件在实训台上的位置，使电路逻辑清楚，接线较短。

实训时，应按照实训任务的次序，将各单元电路逐个进行接线和调试，即分别测试基本 RS 触发器、单稳态触发器、时钟发生器及各计数器的逻辑功能。待各单元电路工作正常后，再将有关电路逐级连接起来进行测试，直到测试电子秒表整个电路的功能。

这样的测试方法有利于检查和排除故障，保证实训顺利进行。

1. 基本 RS 触发器的测试

（1）按图 Z-4-1 中单元 I 接线组成基本 RS 触发器。

（2）输入端$\overline{R}$、$\overline{S}$接逻辑开关，输出端 Q、$\overline{Q}$接电平指示器，按表 Z-4-2 要求测试逻辑功能并将结果填入表中。

表 Z-4-2　逻辑功能表

$\overline{R}$	$\overline{S}$	Q	$\overline{Q}$
1	1→0		
	0→1		
1→0	1		
0→1			
0	0		

2. 单稳态触发器的测试

（1）静态测试。用数字电压表测量 A、B、D、F 各点电位值并进行记录。

（2）动态测试。输入端接 1kHz 连续脉冲源，用示波器观察并描绘 D 点（U_D）、F 点（U_O）波形，如果单稳态输出脉冲持续时间太短，难以观察，可适当加大微分电容 C（如改为 0.1μF），待测试完毕后，再恢复到 4700pF。

3. 时钟发生器的测试

用示波器观察输出电压波形并测量其频率，调节 R_w，使输出矩形波频率为 50Hz。

4. 计数器的测试

（1）计数器①接成五分频形式，$\overline{CR}$、$CT/\overline{LD}$、D_3～D_0 接逻辑开关，$\overline{CP}1$ 接单次脉冲源，Q_3～Q_0 分别接实训台上译码显示输入端 C、B、A，按表 Z-4-1 逐项测试其逻辑功能并进行记录。

（2）计数器②及计数器③接成 8421 码十进制形式，同（1）进行逻辑功能测试并进行记录。

（3）将计数器①、②、③级连，进行逻辑功能测试并进行记录。

5. 电子秒表的整体测试

各单元电路测试正常后，按图 Z-4-1 把几个单元电路连接起来，进行电子秒表的总体测试。

先按一下按钮开关 K_2，此时电子秒表不工作，再按一下按钮开关 K_1，则计数器清零后便开始计时，观察数码管显示计数情况是否正常。如不需要计时或暂停时，按一下开关 K_2，计时立即停止，但数码管保留计时的值。

五、实训总结

1. 总结电子秒表整个调试过程。
2. 分析调试中发现的问题及故障排除方法。

参考文献

[1] 黄军辉，傅沈文．电子技术[M]．3 版．北京：人民邮电出版社，2018．

[2] 牛百齐，毛立云．数字电子技术项目教程[M]．北京：机械工业出版社，2012．

[3] 王金花．电工技术[M]．3 版．北京：人民邮电出版社，2019．

[4] 杨丽丽．电工实训项目教程[M]．北京：人民邮电出版社，2019．

附录A　万用表的使用方法

“万用表”是万用电表的简称，万用表是一种多功能、多量程的测量仪表，通常用来测量直流电流、直流电压、交流电压、电阻等。万用表具有价格低廉、操作简单、功能齐全、容易携带等特点，是电子测量中常用的工具。现在常见的万用表有指针式和数字式两种。

一、指针式万用表

指针式万用表面板主要有表头、挡位、量程选择开关、晶体管测试孔、表笔插孔、高压测试插孔、大电流测试插孔，以及欧姆挡调零旋钮，如图 A-1 所示。

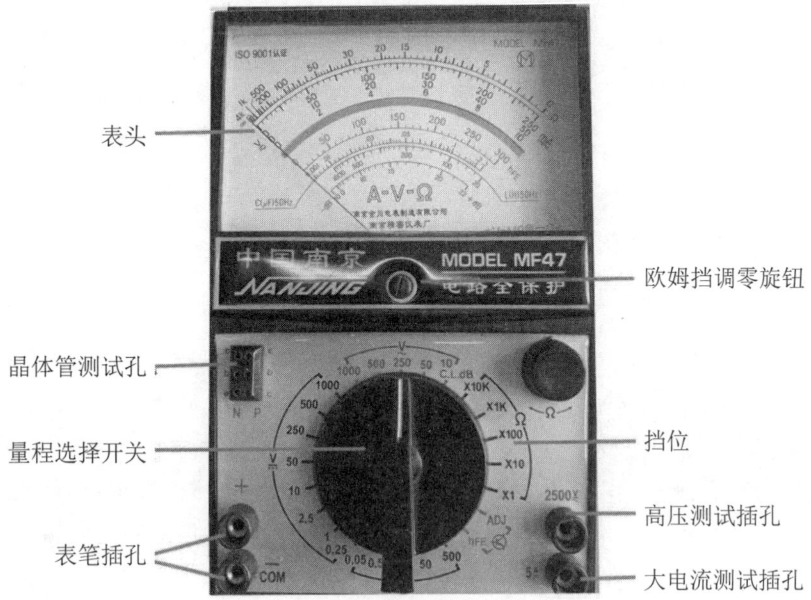

图 A-1　指针式万用表

（1）表头。指针式万用表的表头是一只高灵敏度的磁电式直流电流表。表盘上印有多条刻度线，其中右端标有“Ω”的是电阻标度尺，其刻度值分布是不均匀的，指示的是电阻值。在标尺左右两侧分别标有“$\frac{V}{\sim}$”和“mA”，为直流电压、交流电压及直流电流共用标度尺。标有“AC10V”的标度尺，指示的是 10V 的交流电压值；标有“h_{FE}”的刻度线，指示的是晶体管共发射极直流电流放大系数；标有“C(uF) 50Hz”的刻度线，为电容容量标度尺；标有“L (H) 50Hz”的刻度线，为电感量标度尺：音频电平标度尺用“dB”表示。

表头上还设有机械零位调整旋钮，用小螺丝刀可以校正指针在左端的指零位。

（2）量程选择开关。万用表的量程选择开关是多挡位的旋转开关，用来选择测量项目和量程。一般的万用表测量项目如下。

1）“DCmA”：用于测量直流电流。

2）“DCV”：用于测量直流电压。

3）“ACV”：用于测量交流电压。

4）“Ω”：用于测量电阻。

（3）使用方法。

1）测量前的准备。

a．使用之前，应注意指针是否指在零位，如不在零位，可通过机械调零装置将指针调到零位。

b．把1.5V五号电池及10F20型15V层叠电池各一节装入万用电表电池夹内。

c．把两根测试棒的短棒分别插到插座上，红棒插在“+”插座，黑棒插在“–”插座。

2）直流电流测量。

a．根据所测电流的大小，把开关转到相应的电流（mA）挡上。

b．测量时把万用表串接在被测电路中，红表笔接触在电路的正端，黑表笔接触在电路的负端。

c．看第二条刻度线读出电流测量的刻度。

3）直流电压测量。

a．把开关转到与被测电压相对应的直流电压挡。

b．红表笔接触电路的正端，黑表笔接触电路的负端。

c．看第二刻度线读出测出的电压。

4）交流电压测量。与直流电压的测量相似，只需把开关转到交流电压范围内。交流10V挡刻度看第三条刻度线，其他各挡看第二条刻度线。

5）电阻测量。

a．将开关转到电阻挡范围内，把红黑表笔短接，调整“Ω”调零器，使指针指在第一条刻度线的0位置上（即满度位置）。每转换一次挡位均需重新调零。

b．把测试笔分开去测被测电阻的两端，在第一条刻度线上读出测量值并乘上该挡的倍率。

注意：测量电路中的电阻时，应切断被测电路的电源，如电路中有电容器存在，应先将其放电后再测量。

（4）注意事项。

1）万用表使用前，应做到：

a．检查表针是否停在表盘左端的零位。如有偏离，可用小螺丝刀轻轻转动表头上的机械零位调整旋钮，使表针指零。

b．将表笔按要求插入表笔插孔。

c．将选择开关旋到相应的项目和量程上。

2）使用万用表时，应做到：

a．测量电流、电压时，不能带电换量程。

b．选择量程时，应本着“先大后小”的原则，即先选大量程，后选小量程，并尽量使被测值接近量程，选用的量程与被测值越接近，测量的数值就越精确。

c．注意，测量电流与电压时，切勿转错挡位。如果误用电阻挡或电流挡去测电压，极可能烧毁仪表。

d. 测电阻时，不要带电测量。因为测量电阻时，万用表由内部电池供电，如果带电测量就相当于接入一个额外的电源，有可能损坏表头。

e. 如果在被测电路中有电容器，需要先将其放电再进行测量。

f. 在电阻挡将两支表笔短接，调“零欧姆”旋钮至最大，表头指针如果仍然达不到 0，通常是因为表内电池电压不足，这时应及时更换新电池。

二、数字万用表

数字万用表由于具有灵敏度高、准确度高、测量范围宽、测量速度快、抗扰能力强等特点得到广泛应用。现在的数字万用表除了具有测量交、直流电压，交、直流电流，电阻这五种功能外，还有自检、读数保持、二极管检测等功能。图 A-2 所示为数字万用表的面板结构。

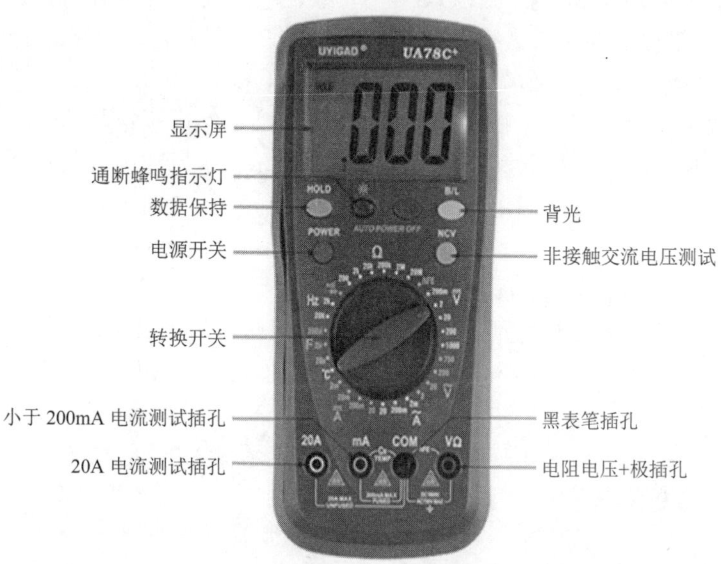

图 A-2 数字万用表

1. 面板介绍

（1）显示屏。数字万用表显示屏可显示 4 位数字，最高位只能显示 1 或不显示数字，最大指示为 1999 或–1999。当被测量超过最大指示值时，显示“1”或“–1”。

（2）电源开关。使用时按下电源开关按钮，置于“ON”位置；使用完毕再按下此按钮，则置于“OFF”位置。

（3）转换开关。转换开关用以选择功能和量程。根据被测的电量（电压、电流、电阻、电容等），选择相应的功能位，按被测量程的大小选择合适的量程。

（4）插孔。将黑表笔插入“COM”的插孔，红表笔有如下 3 种插法：测量电压和电阻时插入“V/Ω”；测量小于 200 mA 的电流时插入“mA”插孔；测量大于 200 mA 的电流时插入“10A”插孔。

2. 使用方法

（1）直流电压、交流电压的测量。先将黑表笔插入 COM 插孔，红表笔插入 V/Ω 插孔。然后将功能开关置于 DCV（直流）或 ACV（交流）量程，并将测试表笔连接到被测电源两端，显示器将显示被测电压值。在显示直流电压值的同时，将显示红表笔端的极性。如果显示器只显示“1”，表示过量程，功能开关应置于更高的量程。

（2）直流电流、交流电流的测量。先将黑表笔插入 COM 插孔，测量最大值为 200mA 的电流，将红表笔插入“mA”孔；测量最大值为 20A 的电流，将红表笔插入“20A”插孔。将功能开关置于 DCA 或 ACA 量程，测试表笔串联接入被测电路中，显示器即显示被测电流值，在显示直流电流的同时，将显示红表笔端的极性。

（3）电阻的测量。先将黑表笔插入 COM 插孔，红表笔插入 V/Ω 插孔（注意：红表笔极性为“+”，与指针式万用表相反）。然后将功能开关置于 Ω 量程，两表笔连接到被测电阻上，显示器将显示被测电阻值。如果被测电阻值超过了所选择量程的最大值，将显示过量程“1”，应选择最高的量程；电阻开路或无输入时，也显示为“1”，应注意区别。

（4）二极管测试。先将黑表笔插入 COM 插孔，红表笔插入 V/Ω 插孔（红表笔极性为“+”）。然后将功能开关置于二极管挡，将表笔连接到被测二极管，显示器将显示正向压降的 mV 值。当二极管反向时或过载时显示为“1”。

（5）晶体管放大系数测试。先将功能开关置于 h_{FE} 挡。然后确定晶体管为 NPN 或 PNP，并将发射极、基极、集电极分别插入相应的插孔。此时显示器显示出晶体管放大系数 h_{FE} 的值。

（6）电容测量。先将黑表笔插入 mA 插孔，红表笔插入 COM 插孔，然后将功能开关置于电容挡。

3. 注意事项

（1）将 ON-OFF 开关置 ON 位置，检查 9V 电池电压值。如果电池电压不足，显示器左边将显示“LOBAT”或“BAT”字符，此时应打开后盖，更换指定型号电池。如无上述字符显示，则可继续操作。

（2）若测试表笔插孔旁边的正三角中有感叹号，表示输入电压或电流不应超过指示值。

（3）测试前功能开关应置于合适的量程。

附录B　半导体分立器件型号命名方法

半导体分立器件型号命名方法，这种命名方法由五个基本部分组成，各部分的符号及意义如下：

第一部分：用阿拉伯数字表示器件的电极数目。

第二部分：用汉语拼音字母表示器件使用的材料和极性。

第三部分：用汉语拼音字母表示器件的类型。

第四部分：用阿拉伯数字表示序号。

第五部分：用汉语拼音字母表示规格号。

1. 中国半导体器件组成部分的符号及意义（表 B-1）

表 B-1　中国半导体器件组成部分的符号及意义

第一部分		第二部分		第三部分				第四部分	第五部分
用数字表示器件电极数目		用汉语拼音字母表示 器件的材料和极性		用汉语拼音字母表示器件的类型				用数字表示器件的序号	汉语拼音字母表示规格号
符号	意义	符号	意义	符号	意义	符号	意义		
2	二极管	A	N 型锗材料	P	普通管	D	低频大功率管		
		B	P 型锗材料	V	微波管	A	高频大功率管		
		C	N 型硅材料	W	稳压管	T	半导体闸流管		
		D	P 型硅材料	C	参量管	X	低频小功率管		
				Z	整流管	G	高频小功率管		
3	三极管	A	PNP 型锗材料	L	整流管	J	阶跃恢复管		
		B	NPN 型锗材料	S	隧道管	CS	场效应管		
		C	PNP 型硅材料	N	阻尼管	BT	特殊器件		
		D	NPN 型硅材料	U	光电器件	FH	复合管		
		E	化合物材料	K	开关管	PIN	PIN 管		
				B	雪崩管	JG	激光器件		
				Y	体效应管				
备注	低频小功率管指截止频率<3MHz、耗散功率<1W，高频小功率管指截止频率≥3MHz、耗散功率<1W 低频大功率管指截止频率<3MHz、耗散功率≥1W，高频大功率管指截止频率≥3MHz、耗散功率≥1W								

例如，锗 PNP 高频小功率管为 3AG11C，符号的具体意义如下：

3（三极管）A（PNP 型锗材料）G（高频小功率管）11（序号）C（规格号）

2. 美国半导体器件型号命名方法（表 B-2）

表 B-2 美国半导体器件型号命名法

第一部分		第二部分		第三部分		第四部分		第五部分	
用符号表示用途的类别		用数字表示 PN 结的数目		注册标志		登记顺序号		用音字母表示器件分档	
符号	意义	符号	意义	符号	意义	符号	意义	符号	意义
JAN 或 J	军用品	1	二极管	N	该器件已登记顺序号	多位数字	该器件已登记顺序号	ABCD	同一型号不同档别
		2	三极管						
无	非军用品	3	3 个 PN 结器件						
		4	N 个 PN 结器件						

3. 日本半导体器件型号命名方法（表 B-3）

表 B-3 日本半导体器件型号命名方法

第一部分：器件类型或有效电极数		第二部分：电子工业协会注册产品		第三部分：类别		第四部分：登记序号	第五部分：产品改进序号
数字	含义	字母	含义	字母	含义		
0	光敏二极管、晶体管或其组合管	S	表示已在电子工业协会（JEIA）注册登记的半导体分立器件	A	PNP 型高频管	用两位以上的整数表示在电子工业协会注册登记的顺序号	用字母 A、B、C、D……表示对原来型号的改进
				B	PNP 型低频管		
				C	NPN 型高频管		
				D	NPN 型低频管		
1	二极管			F	P 门极晶闸管		
2	三极管或具有两个 PN 结的其他器件			G	N 门极晶闸管		
3	具有四个有效电极或具有三个 PN 结的晶体管			H	N 基极单结晶体管		
				J	P 沟道场效应管		
				K	N 沟道场效应管		
				M	双向晶闸管		

附录 C　常用逻辑符号对照表

符号名称	国标符号	常用符号	国际流行符号	IEEE 逻辑符号
与门	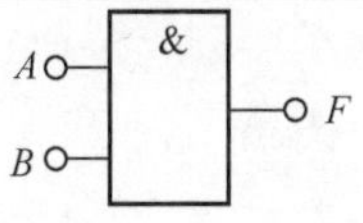	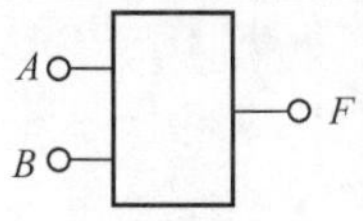	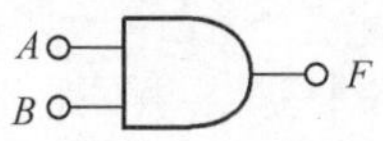	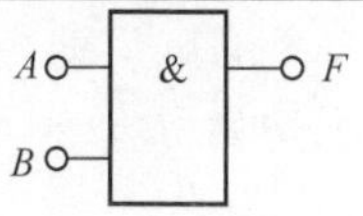
或门	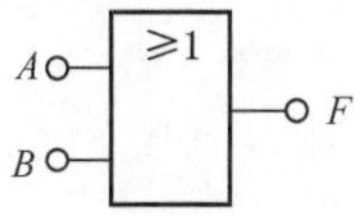	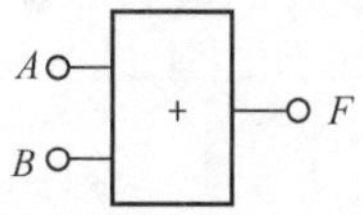	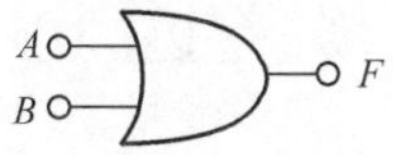	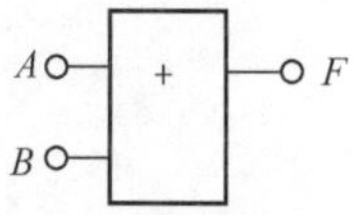
非门	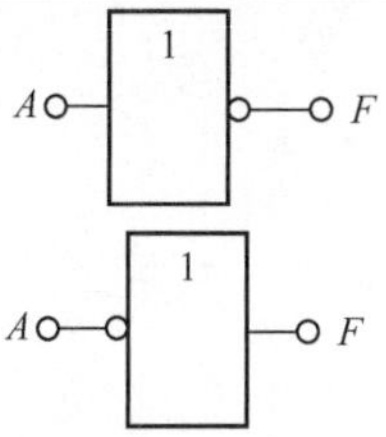	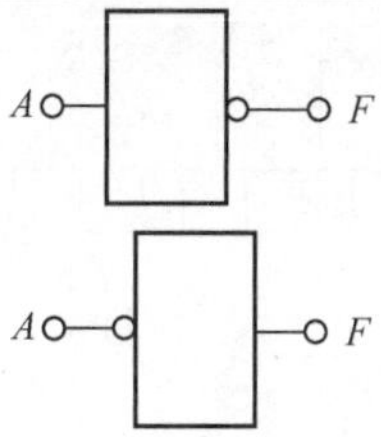	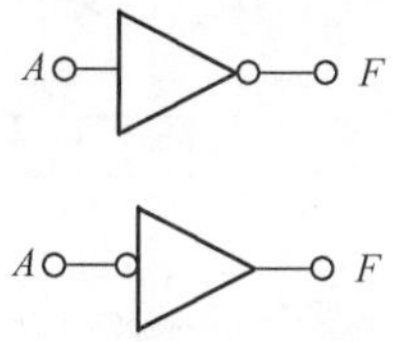	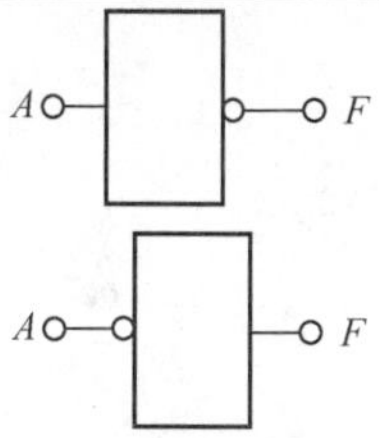
与非门	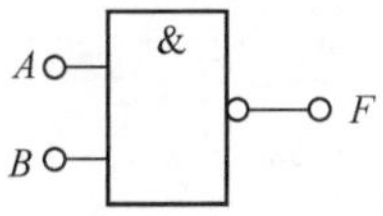	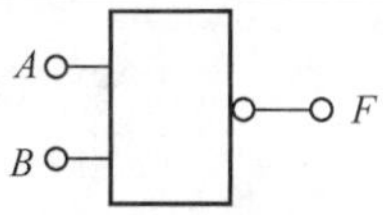	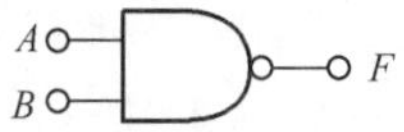	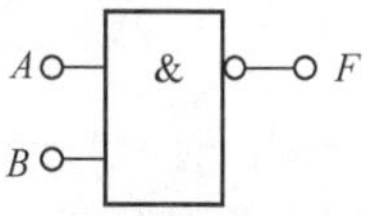
或非门	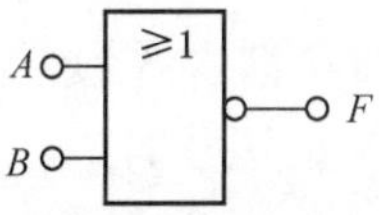	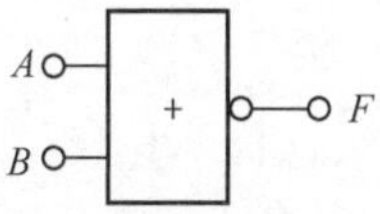	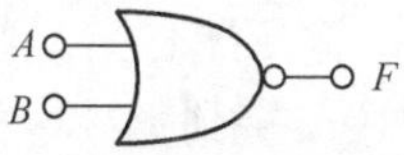	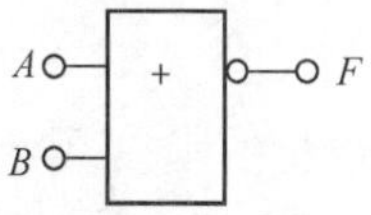
与或非门	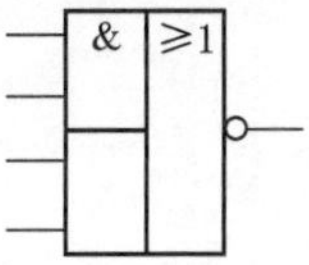	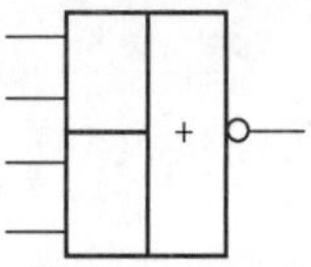	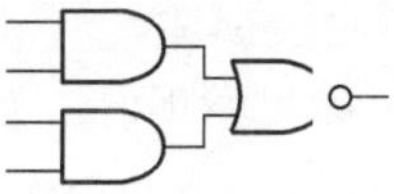	
异或门	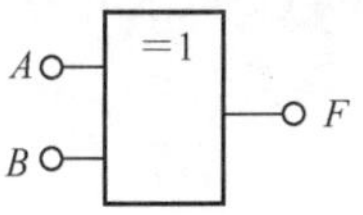	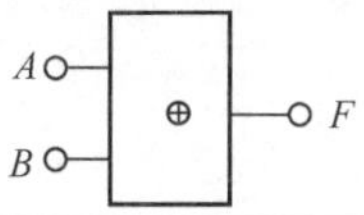	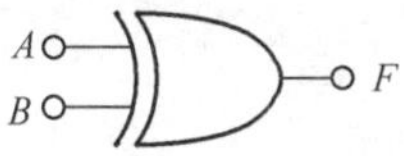	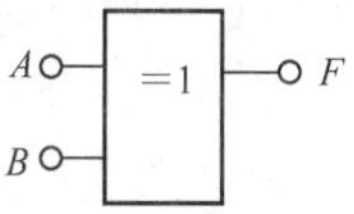
同或门	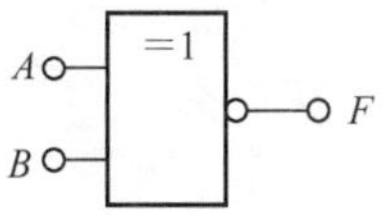	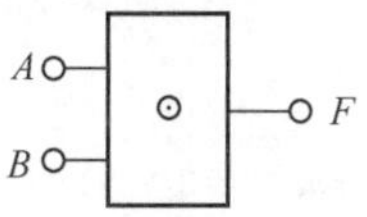	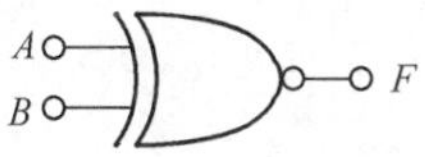	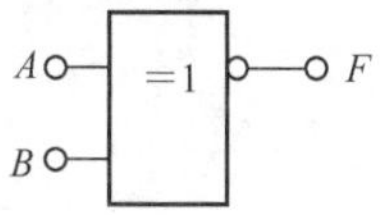

附录 D　集成芯片的使用方法

1．集成芯片引脚的判别

当使用数字集成芯片（以下简称 IC）时，必须先判断 IC 的引脚。方法是：在集成芯片上先找到有缺口或小圆圈的一端，从顶往下看，令缺口在集成片子的左侧，放置在实训板上，则左下角为引脚 1，然后沿逆时针方向，依次数出其他引脚，如图 D-1 所示。

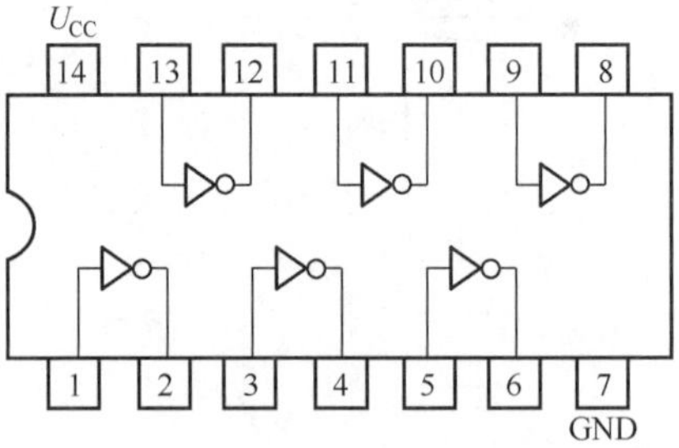

图 D-1　集成芯片引脚排列

2．注意事项

（1）对于 TTL IC，必须在引脚 U_{CC}（电源端）和 GND（接地端）之间加 5V 电源电压才能工作；对于 CMOS IC，必须在引脚 U_{SS}（负电源端）和 U_{DD}（正电源端）之间加–0.5～+20V 范围内的电源才能正常工作。

（2）对于 TTL IC，输入端悬空，通常相当于接高电平。若在实训中遇到逻辑功能不对，可以把要求接高电平的端口接到+5V 电源上，这样可以消除悬空端的干扰。

（3）对于 TTL IC，只能输入 0～5V 的信号，且幅度差不超过 10%，若输入端加入比–1.2V 更低的电压，TTL IC 门会被损坏。

（4）接通电源后，如果发现 IC 发热，可能是电源正、负极接反了，或是输出端对地短路，或电源电压太高，应立即断开电源检查。

（5）TTL IC 的输出端不能直接连在一起（即不能线与），而 OC 门（集电极开路与非门）可以。

（6）实训时，要细心操作，避免损坏 IC；拔出 IC 时，要用拔块器或镊子；电路的布线要工整，连接线要合理；并且线路连接好以后，应请教师检查，允许后可以通电测试。

附录E　常用集成电路芯片引脚排列图

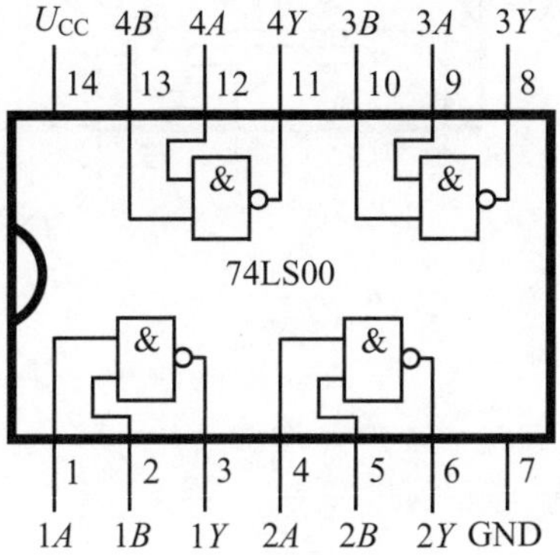

$Y=\overline{AB}$ 四2输入正与非门

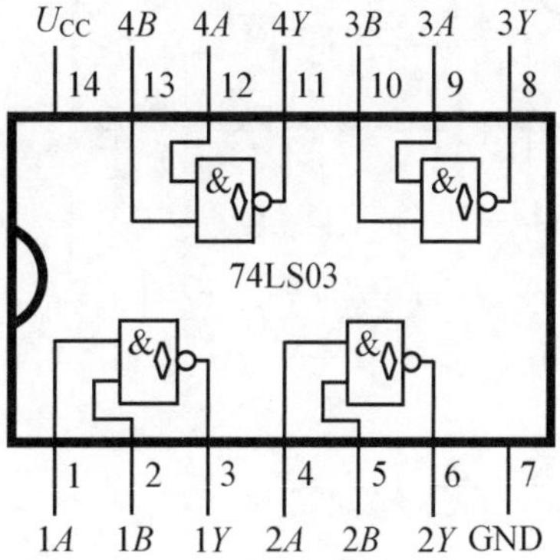

$Y=\overline{AB}$

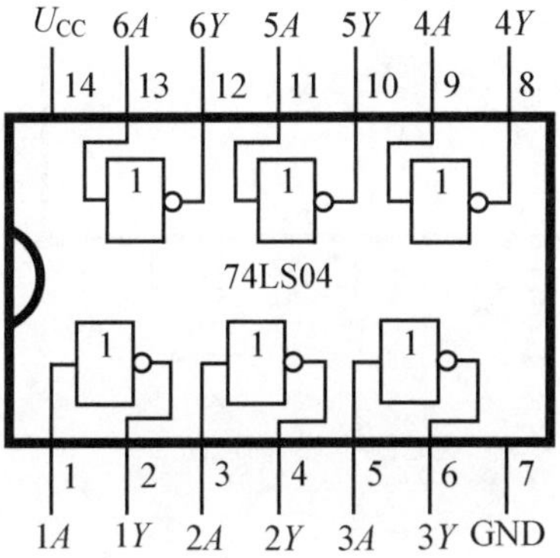

$Y=\overline{A}$　六反相器

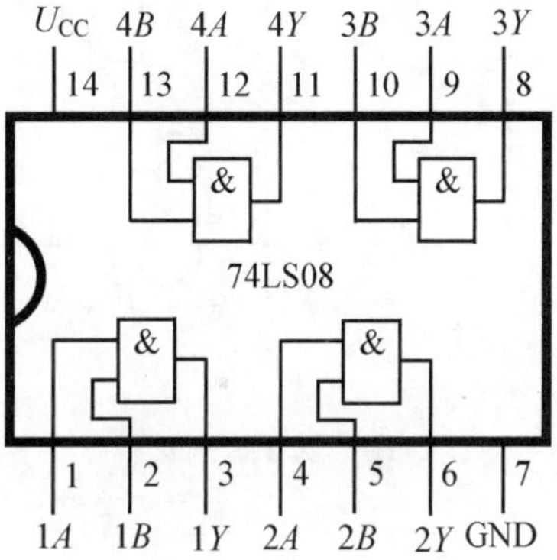

$Y=AB$　四2输入正与门

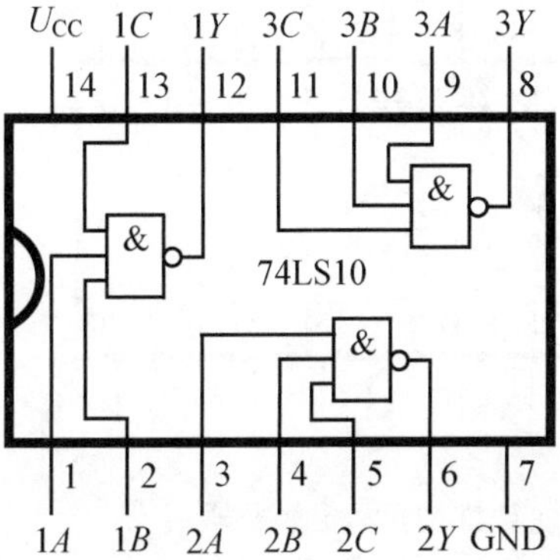

$Y=\overline{ABC}$　三3输入正与非门

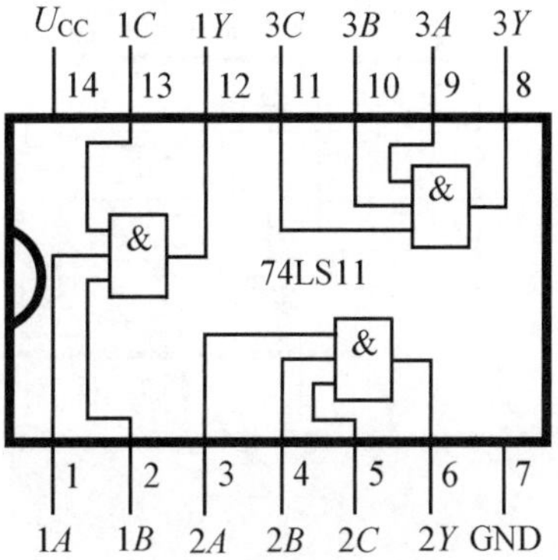

$Y=ABC$　三3输入正与门

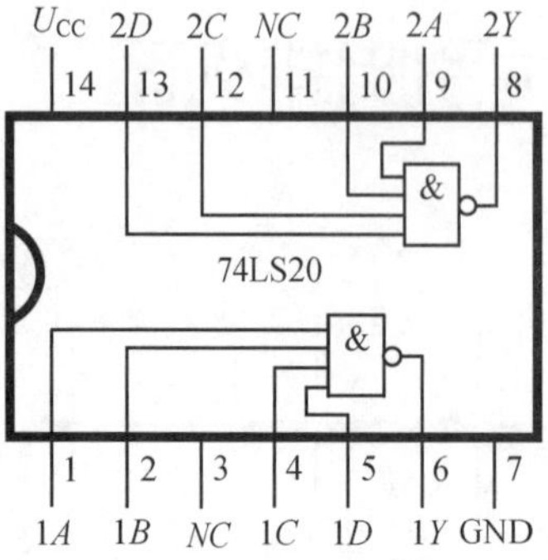

$Y=\overline{ABCD}$ 双 4 输入正与非门

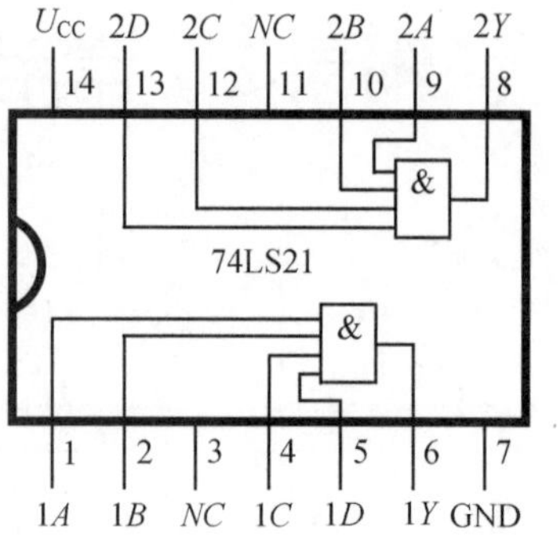

$Y=ABCD$ 双 4 输入正与门

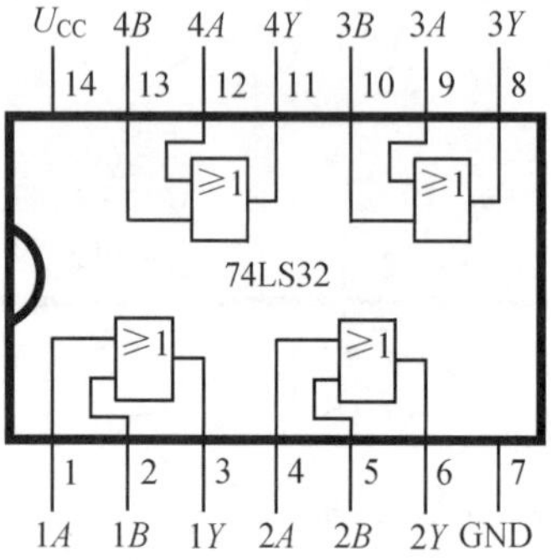

$Y=A+B$ 四 2 输入正或门

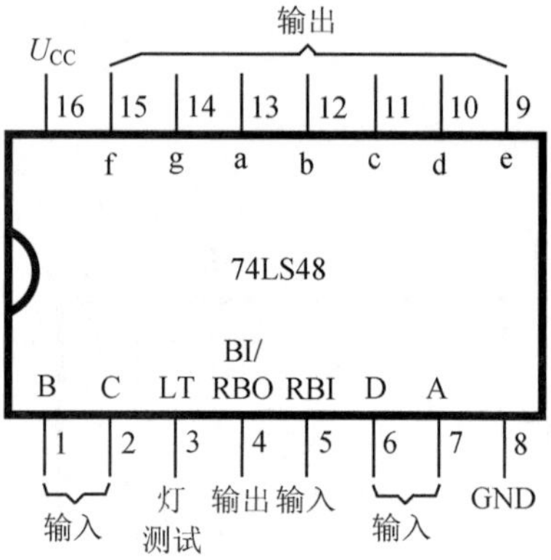

BCD-七段译码器

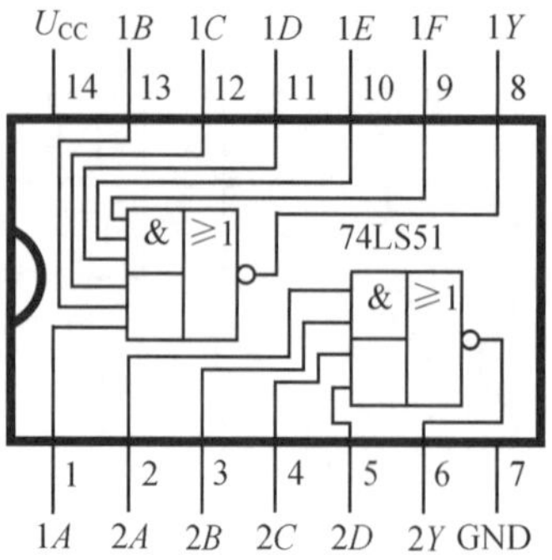

$Y=\overline{AB+CD}$ 与或非门

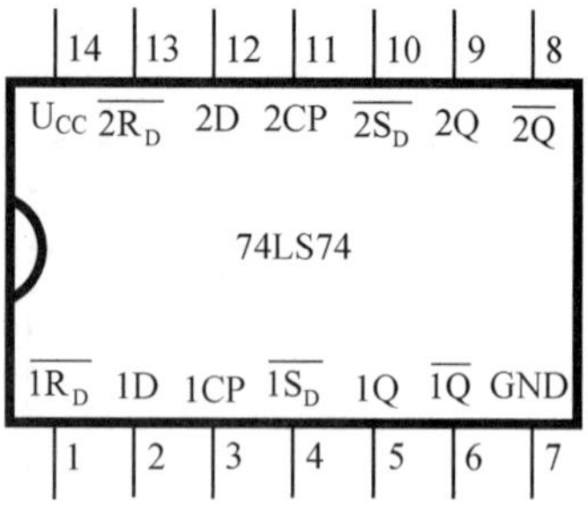

双 D 型正边沿触发器

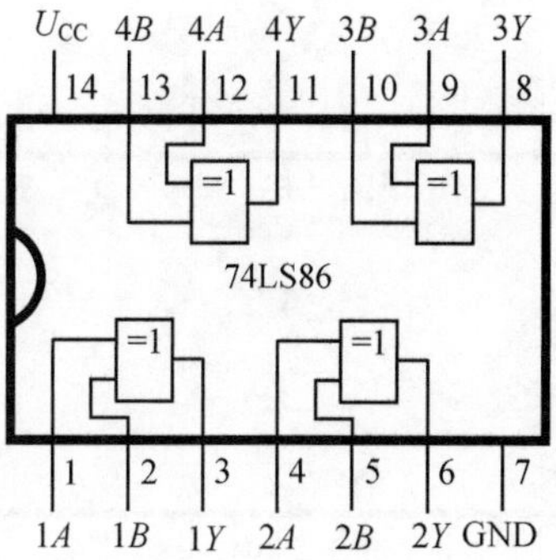

$Y=A\oplus B$　四 2 输入异或门

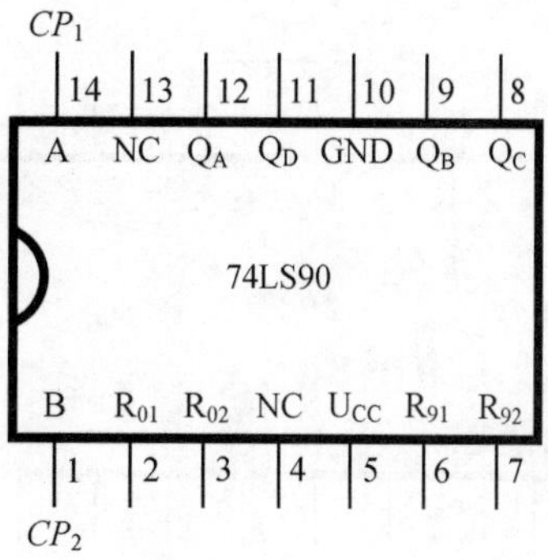

十进制计数器（2、5 分频）

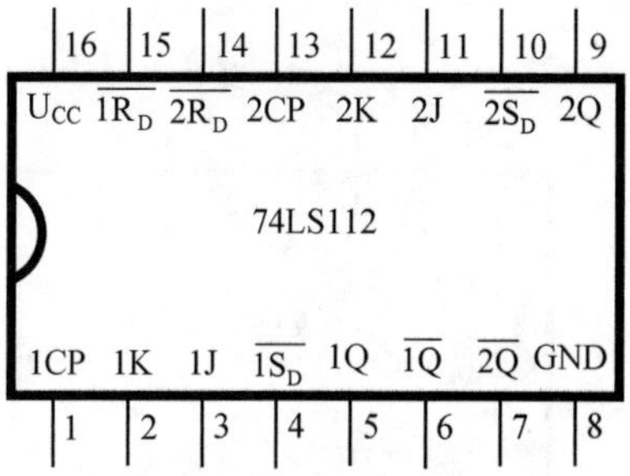

双 J-K 负边沿触发器（带预置和清除端）

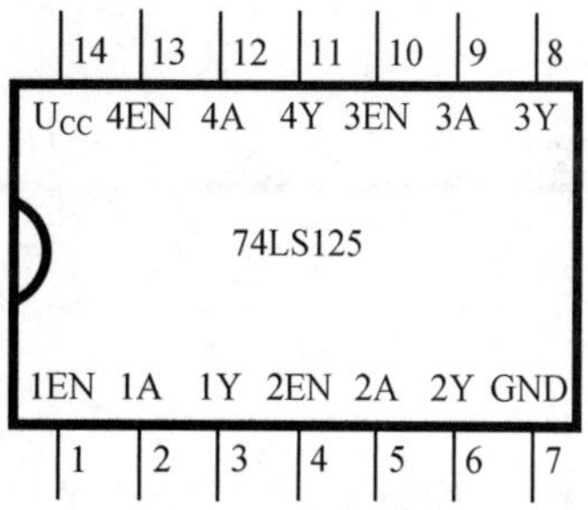

$Y=A$　三态输出的四总线缓冲门

EN 为高时禁止

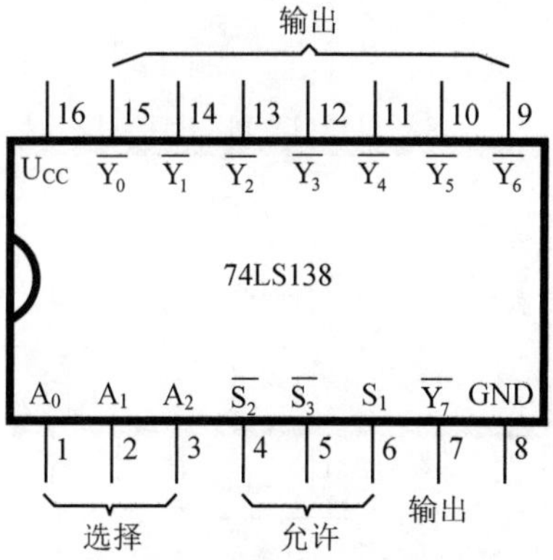

3-8 线译码器/分配器

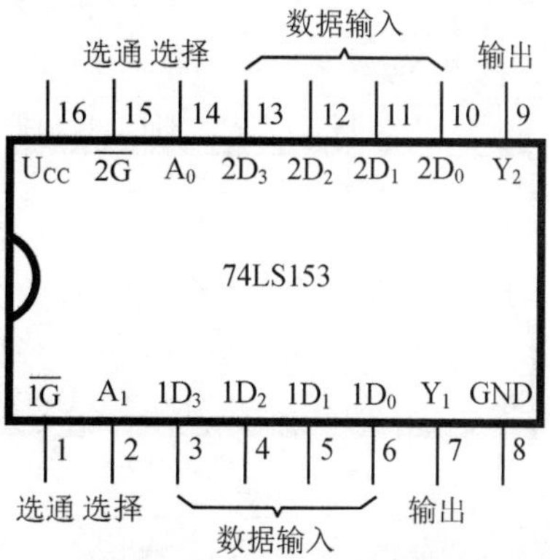

双 4-1 线数据选择器/多路开关

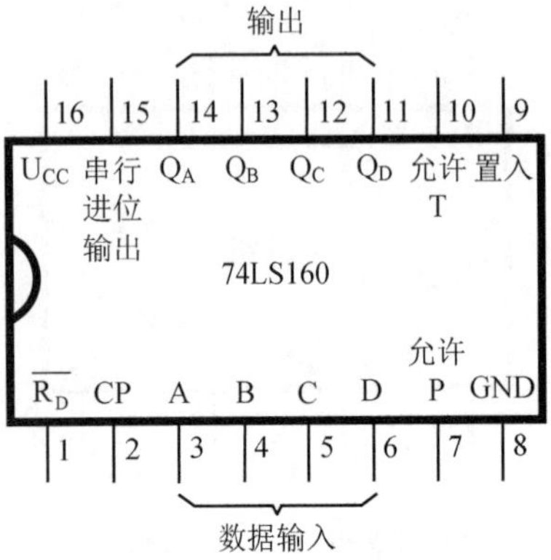

4位同步计数器（十进制，直接清除）

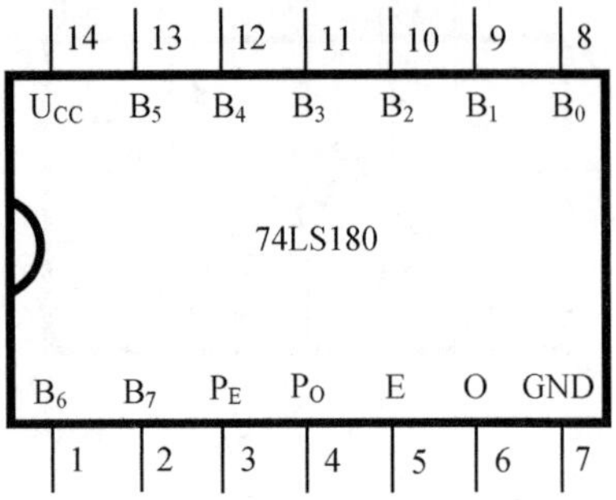

9位奇/偶校验器/发生器

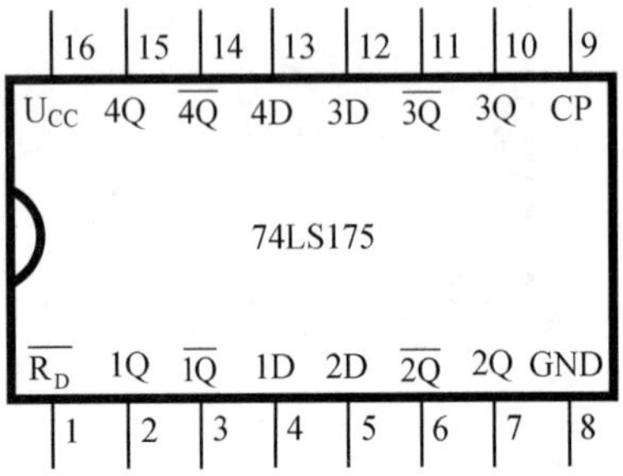

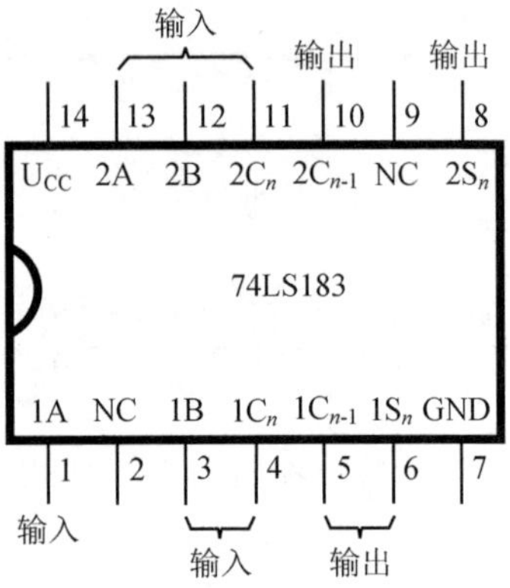

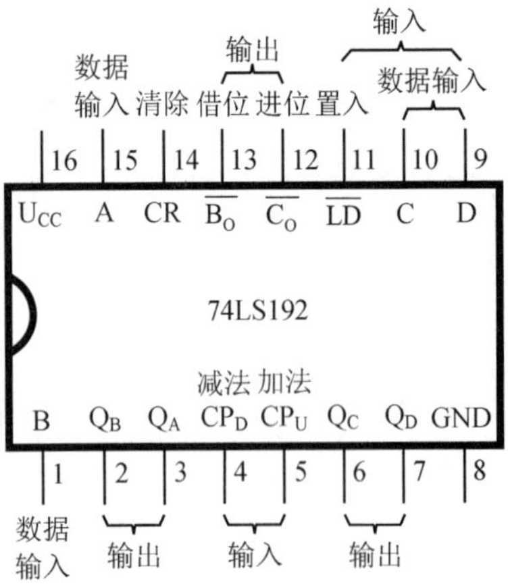

同步双时钟加/减计数器

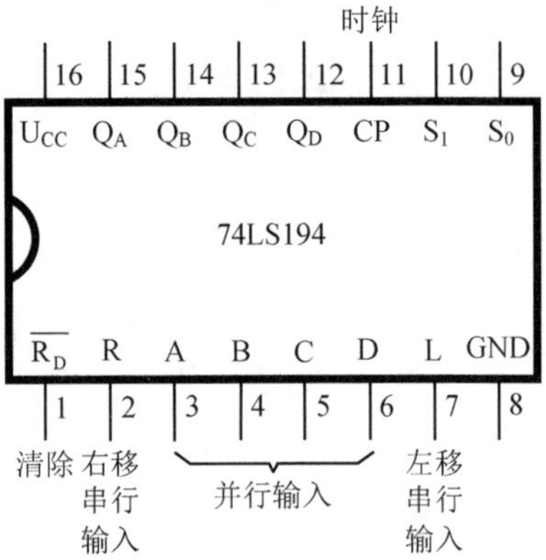

4位双向通用移位寄存器

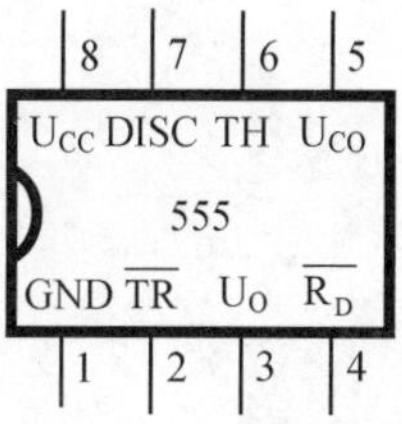

555 时基电路

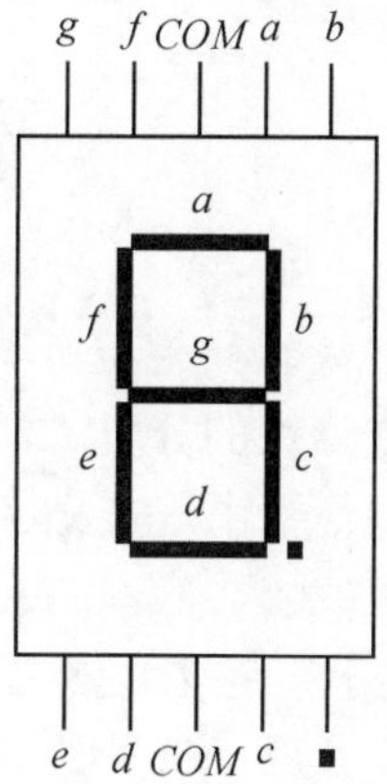

七段数码显示器

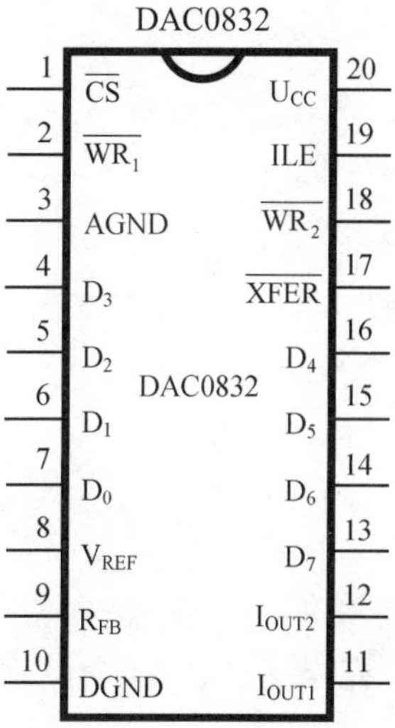

八位数/模转换器

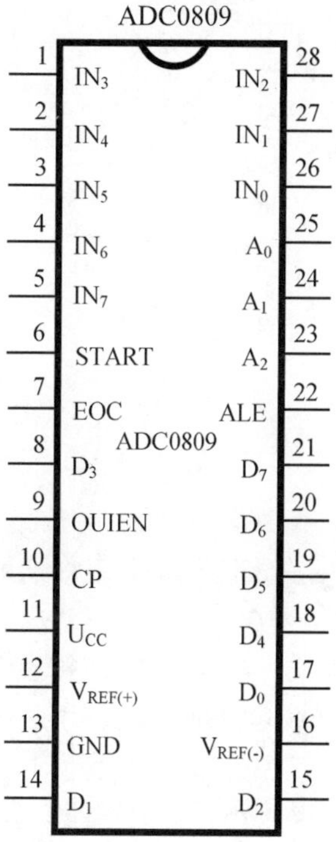

八位 8 通道逐次逼近型模/数转换器

附录F　焊接技术

1. 常用电烙铁的种类和功率

（1）常用电烙铁的分类。常用的电烙铁分为内热式和外热式两种。

1）内热式电烙铁由连接杆、手柄、弹簧夹、烙铁心和烙铁头（也称铜头）5个部分组成。烙铁心安装在烙铁头内（发热快，热效率高）。烙铁心采用镍铬电阻丝绕在瓷管上制成，一般20W的电烙铁的电阻为2.4kΩ左右，35W的电烙铁的电阻为1.6kΩ左右。

2）外热式电烙铁一般由烙铁头、加热芯、外壳、手柄、电源线等部分组成。烙铁头安装在加热芯内，用热传导性好的铜为基体的铜合金材料制成。外热式电烙铁的结构如图F-1所示。

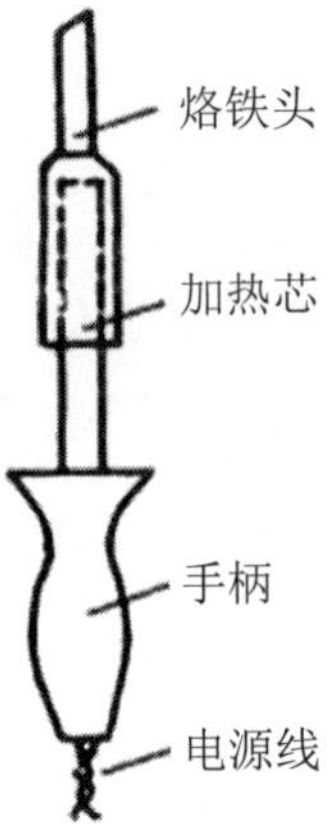

图F-1　外热式电烙铁结构图

（2）电烙铁的功率。电烙铁的工作电源一般采用220V交流电，功率通常为20W、25W、30W、35W、40W、45W、50W。

一般来说，电烙铁的功率越大，热量越大，烙铁头的温度越高。焊接集成电路、印制线路板和CMOS电路时一般选用20W内热式电烙铁。使用的烙铁功率过大，容易烫坏元器件（一般二极管、三极管节点温度超过200℃时就会被烧坏），或使印制导线从结构基板上脱落；使用的烙铁功率太小，焊锡不能充分熔化，焊剂不能挥发出来，焊点不光滑、不牢固，易产生虚焊。若焊接时间过长，也会烧坏元器件，一般每个焊点在1.5～4s内完成。

2. 焊料与焊剂

用电烙铁焊接导线时，必须使用焊料和焊剂。

（1）焊料。焊料是一种易熔金属，它能使元器件引线与连接点焊接在一起。锡中加入一定比例的铅和少量其他金属可制成熔点低、流动性好、对元件和导线的附着力强、机械强度高、导电性好、不易氧化、抗腐蚀性好、焊点光亮美观的焊料，一般称焊锡，手工焊接常用丝状焊锡。

（2）助焊剂。助焊剂一般可分为无机助焊剂、有机助焊剂和树脂助焊剂，能溶解去除金属表面的氧化物，并在焊接加热时包围金属的表面，使之与空气隔绝，防止金属在加热时氧化；

可降低熔融焊锡的表面张力，有利于焊锡的湿润。

3. 电烙铁的使用

（1）电烙铁的握法。电烙铁的握法没有统一的要求，以不易疲劳、操作方便为原则，一般有笔握法和拳握法两种，如图 F-2 所示。

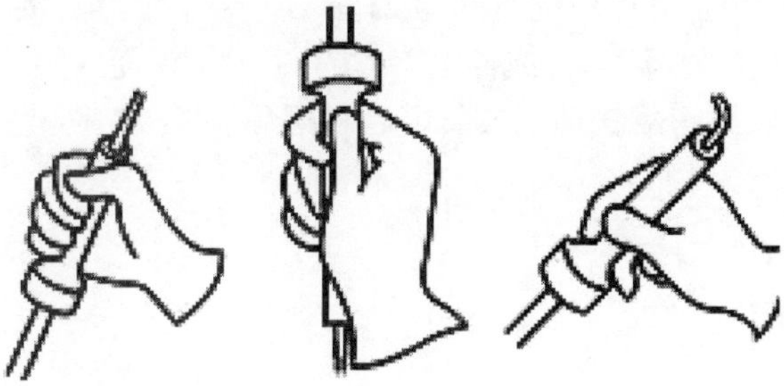

（a）反握　　（b）正握　　（c）笔握

图 F-2　电烙铁的握法

（2）焊锡丝的拿法。焊锡丝一般有两种拿法，如图 F-3 所示。

（a）连续焊接时焊锡丝的拿法　　（b）断续焊接时焊锡丝的拿法

图 F-3　焊锡丝的拿法

使用电烙铁要配置烙铁架，一般放置在工作台右前方，电烙铁用后一定要稳妥地放置在烙铁架上，并注意导线等物不要碰烙铁头，以免被烙铁烫坏绝缘层后发生短路。

（3）准备施焊。准备好焊锡丝和烙铁，烙铁头部保持干净即可沾上焊锡。

（4）加热焊件。将烙铁接触焊接点，注意首先要保持烙铁加热焊件各部分都受热，其次要注意让烙铁头的扁平部分（较大部分）接触热容量较大的焊件，烙铁头的侧面或边缘部分接触热容量较小的焊件，以保持焊件均匀受热。

（5）熔化焊料。当焊件加热到能熔化焊料的温度后将焊丝置于焊点，焊料开始熔化并润湿焊点。

（6）移开焊锡。熔化一定量的焊锡后将焊锡丝移开。

（7）移开烙铁。当焊锡完全润湿焊点后移开烙铁，注意移开烙铁的方向应该是大致 45°的方向。

上述过程对一般焊点而言需要两三秒。这是掌握手工烙铁焊接的基本方法。各步骤之间停留的时间，对保证焊接质量至关重要，只有通过实践才能逐步掌握。对焊接的基本要求是：焊点必须牢固，锡液必须充分渗透，焊点表面光滑有泽，应防止出现“虚焊”和“夹生焊”的现象。产生“虚焊”的原因是因为焊件表面未清除干净或焊剂太少，使得焊锡不能充分流动，造成焊件表面挂锡太少，焊件之间未能充分固定；造成“夹生焊”的原因是因为烙铁温度低或焊接时烙铁停留时间太短，焊锡未能充分熔化。

4. 使用电烙铁的注意事项

（1）根据焊接对象合理选用不同类型的电烙铁。

（2）一般右手持烙铁，左手用镊子夹住元件或导线。将烙铁头紧贴在焊点处，烙铁与水平面约成60°，烙铁头在焊点处停留的时间为2s左右。每个焊点要接触良好，防止“虚焊”。

（3）焊接时间过长容易损坏元件或使电路板的铜箔翘起，也可用镊子夹住管脚帮助散热。焊接集成电路时，电烙铁要可靠接地，或断电后利用余热焊接，防止损坏电路。